安徽现代农业职业教育集团
服务"三农"系列丛书

Chuqin Yibing Fangzhi Shiyong Jishu

畜禽疫病防治实用技术

主　编　路振香
副主编　郭伟娜　李文超

北京师范大学出版集团
BEIJING NORMAL UNIVERSITY PUBLISHING GROUP
安徽大学出版社

图书在版编目(CIP)数据

畜禽疫病防治实用技术/路振香主编.—合肥:
安徽大学出版社,2014.1
(安徽现代农业职业教育集团服务"三农"系列丛书)
 ISBN 978-7-5664-0677-4

Ⅰ.①畜… Ⅱ.①路… Ⅲ.①畜禽—动物疾病—防治
Ⅳ.①S851.3

中国版本图书馆 CIP 数据核字(2013)第 302097 号

畜禽疫病防治实用技术　　　　　　　　　　路振香　主编

出版发行：北京师范大学出版集团
　　　　　安 徽 大 学 出 版 社
　　　　　(安徽省合肥市肥西路 3 号 邮编 230039)
　　　　　www. bnupg. com. cn
　　　　　www. ahupress. com. cn
印　　刷：中国科学技术大学印刷厂
经　　销：全国新华书店
开　　本：148mm×210mm
印　　张：5.5
字　　数：147 千字
版　　次：2014 年 1 月第 1 版
印　　次：2014 年 1 月第 1 次印刷
定　　价：12.00 元
ISBN 978-7-5664-0677-4

策划编辑:李　梅　武溪溪　　　　　装帧设计:李　军
责任编辑:张明举　武溪溪　　　　　美术编辑:李　军
责任校对:程中业　　　　　　　　　责任印制:赵明炎

丛书编写领导组

组　长　程　艺

副组长　江　春　　周世其　　汪元宏　　陈士夫
　　　　金春忠　　王林建　　程　鹏　　黄发友
　　　　谢胜权　　赵　洪　　胡宝成　　马传喜

成　员　刘朝臣　　刘　正　　王佩刚　　袁　文
　　　　储常连　　朱　彤　　齐建平　　梁仁枝
　　　　朱长才　　高海根　　许维彬　　周光明
　　　　赵荣凯　　肖扬书　　李炳银　　肖建荣
　　　　彭光明　　王华君　　李立虎

丛书编委会

主　任　刘朝臣　　刘　正

成　员　王立克　　汪建飞　　李先保　　郭　亮
　　　　金光明　　张子学　　朱礼龙　　梁继田
　　　　李大好　　季幕寅　　王刘明　　汪桂生

丛书科学顾问

（按姓氏笔画排序）

王加启　张宝玺　肖世和　陈继兰　袁龙江　储明星

序

　　解决"三农"问题,是农业现代化乃至工业化、信息化、城镇化建设中的重大课题。实现农业现代化,核心是加强农业职业教育,培养新型农民。当前,存在着农民"想致富缺技术,想学知识缺门路"的状况。为改变这个状况,现代农业职业教育必然要承载起重大的历史使命,着力加强农业科学技术的传播,努力完成培养农业科技人才这个长期的任务。农业科技图书是农业科技最广博、最直接、最有效的载体和媒介,是当前开展"农家书屋"建设的重要组成部分,是帮助农民致富和学习农业生产、经营、管理知识的有效手段。

　　安徽现代农业职业教育集团组建于2012年,由本科高校、高职院校、县(区)中等职业学校和农业企业、农业合作社等59家理事单位组成。在理事长单位安徽科技学院的牵头组织下,集团成员牢记使命,充分发掘自身在人才、技术、信息等方面的优势,以市场为导向、以资源为基础、以科技为支撑、以推广技术为手段,组织编写了这套服务"三农"系列丛书,全方位服务安徽"三农"发展。本套丛书是落实安徽现代农业职业教育集团服务"三农"、建设美好乡村的重要实践。丛书的编写更是凝聚了集体智慧和力量。承担丛书编写工作的专家,均来自集团成员单位内教学、科研、技术推广一线,具有丰富的农业科技知识和长期指导农业生产实践的经验。

丛书首批共 22 册，涵盖了农民群众最关心、最需要、最实用的各类农业科技知识。我们殚精竭虑，以新理念、新技术、新政策、新内容，以及丰富的内容、生动的案例、通俗的语言、新颖的编排，为广大农民奉献了一套易懂好用、图文并茂、特色鲜明的知识丛书。

深信本套丛书必将为普及现代农业科技、指导农民解决实际问题、促进农民持续增收、加快新农村建设步伐发挥重要作用，将是奉献给广大农民的科技大餐和精神盛宴，也是推进安徽省农业全面转型和实现农业现代化的加速器和助推器。

当然，这只是一个开端，探索和努力还将继续。

安徽现代农业职业教育集团

2013 年 11 月

为扎实推进安徽现代农业职业教育集团的工作,切实为"三农"做好服务,根据安徽省教育厅的工作指导及《安徽现代农业职业教育集团2012年度工作任务》(集团发〔2012〕1号)安排,经安徽科技学院校长办公会议研究决定,于2012年下半年编写出版安徽现代农业职业教育集团服务"三农"系列丛书,本书为其中之一。本书主要介绍了畜禽常见的传染病和寄生虫病的实用防治技术,主要面向从事畜禽养殖的有关人员及新型农民。在撰稿时,作者从生产实际出发,将多年积累的临床诊疗技术奉献给读者。本书内容丰富,联系实际,通俗易懂,描述细致。

全书共分五个部分,第一部分为畜禽疫病的概述;第二部分为猪的传染病,包括仔猪梭菌性肠炎、黄痢、白痢、猪肺疫、猪瘟、猪丹毒、伪狂犬病、细小病毒病、链球菌病,以及猪的寄生虫病,其包括猪囊尾蚴病、猪细颈囊尾蚴病、蛔虫病、猪疥螨病等;第三部分为牛传染病,包括牛瘟、牛流行热、气肿疽、恶性卡他热、牛病毒性腹泻—黏膜病、口蹄疫,以及牛的寄生虫病,其包括牛肝片吸虫病、牛前后盘吸虫病、牛螨虫病等;第四部分为羊的传染病,包括小反刍兽疫、羊梭菌性疾病、口蹄疫、蓝舌病,以及羊的寄生虫病,其包括羊肝片吸虫病、羊前后盘吸虫病、羊棘球蚴病等;第五部分为家禽的传染病,包括新城疫、禽流感、禽霍乱、传染性鼻炎,以及家禽的寄生虫病,其包括鸡绦虫病、鸡球虫病等,另外还包括疾病的诊断、预防及治疗的相关实用技术。

由于本书作者水平有限,加之编写时间仓促,错误之处在所难免,敬请广大读者批评指正。

编　者

2013 年 11 月

目 录

第一章　畜禽疫病的概述 ……………………………………… 1

　一、畜禽疫病的病原 ………………………………………… 1

　二、疫病的预防与扑灭措施 ………………………………… 2

第二章　猪的疫病 …………………………………………… 6

　一、猪的传染病 ……………………………………………… 6

　二、猪的寄生虫病 ………………………………………… 44

第三章　牛的疫病 …………………………………………… 55

　一、牛的传染病 …………………………………………… 55

　二、牛的寄生虫病 ………………………………………… 73

第四章　羊的疫病 …………………………………………… 82

　一、羊的传染病 …………………………………………… 82

　二、羊的寄生虫病 ………………………………………… 97

第五章　家禽的疫病 ……………………………………… 109

　一、家禽的传染病 ………………………………………… 109

二、家禽的寄生虫病 ………………………………… 151

附 录 ………………………………………………… 159

一、规模化养猪场主要传染病免疫程序 …………… 159

二、集约化养鸡场(父母代蛋鸡场)主要疫病计划免疫程序…… 161

参考文献 ……………………………………………… 164

第一章
畜禽疫病的概述

一、畜禽疫病的病原

畜禽疫病是指由病原微生物和寄生虫所引起的,具有一定的潜伏期和临床症状并且能传播蔓延的疾病。畜禽疫病是对养殖业危害比较严重的一类疾病,它不仅可以造成大批畜禽死亡和畜禽产品的损失,影响人们生活和对外贸易,而且某些人畜共患的疫病还可能给人们的健康带来严重威胁。尤其是现代养殖业,畜禽饲养密度高度集中,调运移动频繁,更易受到疫病的侵袭。因此,对畜禽疫病(尤其是传染病)的防治和研究,一直受到世界各国的重视,并在兽医科学技术研究中居首要地位。

微生物是指存在于自然界中的一类个体微小、结构简单、繁殖快、分布广、肉眼直接看不到的微小生物,包括细菌、衣原体、支原体、立克次体、螺旋体、放线菌、真菌和病毒等。自然界中微生物种类繁多,绝大多数对人类是无害的,甚至有些是有益的,只有少数可引起人类和畜禽的疾病。具有致病作用的微生物叫作“病原微生物”。畜禽传染病都是由病原微生物引起的。

寄生虫是指暂时或永久地在宿主体内或体表营寄生生活的畜禽。

二、疫病的预防与扑灭措施

1.防疫工作的基本原则和内容

(1)防疫工作的基本原则

①建立、健全各级特别是基层兽医防疫机构,以保证兽医防疫措施的贯彻落实。

②建立、健全兽医法规并严格执行。

③贯彻"预防为主"的方针。

(2)防疫工作的基本内容

①平时的预防措施:加强饲养管理,搞好卫生消毒工作,增强畜禽机体的抗病能力;贯彻自繁自养的原则,减少疫病传播;拟订和执行定期预防接种和补种计划;定期杀虫、灭鼠,进行粪便无害化处理;认真贯彻执行国境检疫、交通检疫、市场检疫和屠宰检验等各项工作,及时发现并消灭传染源;各地(省、市)兽医机构应调查研究当地疫情分布,组织相邻地区对畜禽传染病联防协作,有计划地进行消灭和控制,并防止外来疫病的侵入。

②发生疫病时的扑灭措施:及时诊断和上报疫情并通知邻近单位做好预防工作;迅速隔离病畜禽,污染的地方进行紧急消毒;若发生危害性大的疫病时,如口蹄疫、炭疽等,应采取封锁等综合性措施;疫苗实行紧急接种,对病畜禽进行及时、合理的治疗,并对死畜禽和淘汰病畜禽进行合理处理。

2.疫病的防疫措施

(1)加强检疫

检疫是利用各种诊断和检测方法对畜禽及其相关产品和物品进行疫病、病原体或抗体检查。目的是查出传染源、切断传播途径,防止疫病传播。

(2)隔离

在发生传染病时对病畜禽、可疑感染畜禽、假定健康畜禽进行隔离。可疑感染畜禽是指未发现任何症状,但与病畜禽及其污染的环境有过明显接触的畜禽。假定健康畜禽是指除病畜禽和可疑感染畜禽外,疫区内其他易感畜禽。

(3)**封锁** 我国畜禽防疫法规定,当确诊为一类疫病或当地发现新的畜禽传染病时,应进行封锁。执行封锁时应掌握"早、快、严、小"的原则。

(4)**消毒** 根据消毒的目的,消毒可分为:预防性消毒、临时消毒、终末消毒。消毒的方法包括物理消毒法、化学消毒法、生物热消毒法。

(5)**免疫接种** 在经常发生某些传染病的地区,或有某些传染病潜在的地区,或经常受到邻近地区某些传染病威胁的地区,为了防患于未然,在平时有计划地给健康畜禽进行的疫苗免疫接种,称为"预防接种"。

(6)**药物预防** 为了控制某些疫病而在畜禽的饲料、饮水中加入某种安全的药物进行集体化预防。

(7)**杀虫、灭鼠** 养殖场要定期杀虫、灭鼠和进行粪便无害化处理。

(8)**合理处理畜禽尸体** 对死畜禽和淘汰病畜禽要合理处理。

3.畜禽寄生虫病的防治

寄生虫病是畜禽三大类疾病之一,严重威胁着畜禽业的发展,而且不少是人畜共患寄生虫病,防治寄生虫病在公共卫生上意义重大。因此做好畜禽寄生虫病的防治工作,是关系着人畜健康和经济发展的大事。由于寄生虫的种类繁多,生物学特性各异,野生动物宿主、中间宿主及传播媒介的分布和生活习性又各不同,再加上饲养管理方式不同以及各地的自然条件、社会情况也有差异,因此寄生虫病的防治是一个十分复杂的问题,需要采取综合性的防治措施。这里只做原则性介绍。

(1)消灭感染源 驱虫是畜禽寄生虫病综合防治中的重要环节，是指用药物或其他方法将畜禽体表或体内的寄生虫驱除或杀灭的措施。对已发病的畜禽，该措施有治疗作用，对已感染而未发病的畜禽，则有预防作用，同时该措施有防止病原扩散，减少环境污染的作用。

预防性驱虫是按照寄生虫病的流行特点，在规定时间内投药，而不论其发病与否。如肉仔鸡饲养中，把抗球虫药作为添加剂加入饲料中使用，以防止球虫病的发生，对放牧的马、牛、羊等草食性动物开展秋、冬驱虫，对某些蠕虫如莫尼茨绦虫实施"成熟前驱虫"等。

治疗性驱虫是在畜禽出现寄生虫病的临床症状时，及时用驱虫药进行治疗的措施，一方面可以促使畜禽康复，另一方面可以减少外界环境污染。

(2)搞好环境卫生 由于畜禽所能接触到的外界环境，容易被寄生虫的虫卵、幼虫和包囊等所污染，所以畜禽在这样的环境中活动非常容易感染寄生虫病。因此，搞好环境卫生是减少或预防寄生虫感染的重要环节。可以采取如每天清除粪便、打扫圈舍等方法来尽量减少宿主与寄生虫接触的机会，也可以采取诸如粪便堆积发酵除虫、消毒、消灭各种中间宿主和传播媒介等措施来杀灭外界环境中的病原体。

(3)阻断传播途径 利用寄生虫的某些生物学特性，设计方案来阻断寄生虫病的传播。如对一些蜱媒病，可以采取避蜱放牧或改变饲养管理方式的方法来避免畜禽与蜱接触，从而阻断传播。利用一些中间宿主的特性，如地螨喜欢在清晨和傍晚出来活动，可采取避螨措施以减少畜禽感染绦虫的几率。

(4)提高畜禽自身抵抗力 通过给予全价、优质的饲料，改善饲养管理方式，减少应激因素等措施来提高畜禽机体抵抗寄生虫感染的能力，进而减少畜禽感染寄生虫的机会。

(5)免疫预防 对畜禽进行免疫接种，可以阻止寄生虫的感染。

目前,寄生虫病的免疫预防尚不普遍。如目前使用的疫苗主要有鸡球虫疫苗、牛肺线虫的致弱苗等。

最后,必须指出的是,以上措施,必须综合使用才能达到较好的防治效果。

第二章

猪 的 疫 病

一、猪的传染病

1.仔猪梭菌性肠炎

仔猪梭菌性肠炎又称"仔猪肠毒血症"、"仔猪传染性坏死性肠炎"、"仔猪红痢",本病的病原为C型产气荚膜梭菌(或称"C型魏氏梭菌"),革兰氏阳性,有荚膜、无鞭毛的厌氧大肠杆菌。本病主要发生于1周龄以内的仔猪,以排出红色带血的稀粪,出血性、坏死性肠炎为主要特征。

C型菌株主要产生 α 和 β 毒素,其毒素可引起仔猪肠毒血症和坏死性肠炎。本菌需在血琼脂厌氧环境下培养,呈 β 溶血,溶血环外围有不明显的溶血晕。菌落呈圆形,边缘整齐表面光滑稍隆起。

本菌在自然界分布广泛,猪和其他动物的肠道、粪便、土壤等处都有存在,发病的猪群更为多见,可随粪便污染猪圈和母猪的乳头等,若仔猪吞下本菌的芽孢即会感染发病。

诊断要点

(1)流行特点 本病多发于1~3日龄的新生仔猪,发病急,病程短,死亡率高。4~7日龄的仔猪即使发病,症状也轻微,1周龄以上的仔猪很少发病。剖检病变小肠特别是空肠时,表现为黏膜红肿,有出血性或坏死性炎症;肠内容物呈红褐色并混杂小气泡;肠壁黏膜下层、肌层及肠系膜有灰色成串的小气泡;肠系膜淋巴结肿大或出血。

本病一旦侵入种猪场,如果不采取正确的扑灭措施,它会顽固地在猪场内长期存在,不断流行,使部分母猪所产的全部仔猪发病死亡。在同一猪群内,各窝仔猪的发病率不同。

(2)临诊症状

①最急性型:常发生在新疫区,新生仔猪突然出现血痢,后躯沾满血样稀粪,病猪精神沉郁,步态不稳,很快呈濒死状态,少数病猪不出现血痢,也会昏迷倒地,可能在出生的当天或次日死亡。

②急性型:病程在1天以上,病猪排灰色含坏死组织碎片的红褐色液状粪便,迅速消瘦和虚弱,出生后2～3天内死亡。

③亚急性或慢性型:主要见于1周龄左右的仔猪,病猪表现为持续的腹泻,其粪便呈灰黄色糊状,内含有坏死组织碎片,病猪极度消瘦,最终脱水而死亡,或因无饲养价值被淘汰。

(3)病理变化　病猪空肠的外表呈暗红色,肠腔内充满含血的液体,肠系膜淋巴结呈鲜红色,空肠病变部分的绒毛坏死。有时病变可扩展到回肠,但一般不损害十二指肠。

防治方法

在发病猪群内,对怀孕母猪肌肉注射仔猪红痢氢氧化铝菌苗,在产前1个月和产前半个月各10毫升,使仔猪出生后吃到注疫苗母猪的初乳,获得免疫保护。

做好产房及临产母猪的清洁卫生及消毒工作。

在常发病猪场,仔猪出生后,口服抗菌药物(如青霉素等)进行预防。

2.仔猪黄痢

仔猪黄痢又称"早发性大肠杆菌病",与仔猪红痢合称为"仔猪三日痢",有的国家叫"新生仔猪腹泻",是由一定血清型的大肠杆菌引起的一种急性、致死性传染病,常发病于初生仔猪,以排出黄色稀粪和急性死亡为特征。剖检时有的有肠炎和败血症变化,有的无明显病变。本病分布很广,凡是养猪的国家和地区都有发生,是新生仔猪的一种常见病和多发病。

诊断要点

(1)流行特点 出生后数小时至 5 日龄以内仔猪易发此病,且1～3日龄仔猪多见,1 周龄以上的仔猪很少发病。育肥猪、肥猪、成年公母猪不发病;在母猪生产季节常常出现很多窝仔猪发病,每窝仔猪发病率最高可达 100%;母猪第一胎所产仔猪发病率最高,死亡率也高。

(2)临诊症状 仔猪出生时身体健康,数小时后突然发病。病猪表现为排黄色水样稀粪,内含凝乳小片,顺肛门流下,其周围多不留粪迹,易被忽视。腹泻严重时,小母猪阴户尖端可出现红色,后肢被粪液沾污;病仔猪精神沉郁,不吃奶、脱水、昏迷,继而死亡。急性病猪不出现下痢,身体软弱,倒地昏迷死亡。

(3)剖检变化 病死猪表现为肠黏膜肿胀、充血或出血;胃黏膜红肿;肠膜淋巴结充血肿大,切面多汁;心、肝、肾有病变,重者有出血点。

防治方法

开始发病时,立即对全窝仔猪给予抗菌药物,由于细菌易产生抗药性,最好先分离出大肠杆菌做纸片药敏试验,筛选出最敏感的抗菌药物用于治疗,方能收到好的疗效。

平时做好圈舍和周围环境的卫生、消毒工作;做好产房及母猪的清洁卫生和护理工作。

常发地区可用大肠杆菌腹泻 K88,K99,987P 三价灭活菌苗,或大肠杆菌 K88,K99 双价基因工程苗给产前一个月的怀孕母猪注射,可以通过母乳获得被动保护,防止发病。

国内有的猪场,在仔猪出生后即全窝用抗菌药物口服,连用3

天,以防止发病;也有的猪场采用淘汰母猪的全血或血清,给初生仔猪口服或注射进行预防,有一定效果。

3.仔猪白痢

仔猪白痢又称"迟发性大肠杆菌病",是10~30日龄的仔猪常见的肠道传染病,以排出乳白或灰白色的浆状或糊状的粪便为特征。本病在我国各地猪场均有不同程度的发生,对养猪业的发展有相当大的影响。其发病率较高,病死率很低,但影响猪的生长发育,给猪场带来一定的经济损失,应引起重视。剖检主要为肠炎。

诊断要点

(1)流行病学 本病主要发生于10~30日龄仔猪,以2~3周龄仔猪多见。本病一年四季均可发生,尤以严冬、炎热及阴雨连绵季节多发;每当气温骤变时,病猪就会增多;母猪饲养管理差和卫生条件不良,如圈舍潮湿阴寒、缺乏垫草、粪便污秽、温度不定、饲料品质差、配合不当、突然更换饲料、缺乏矿物质和维生素、母猪泌乳过多、过浓或不足,等等,都可促使本病的发生。

(2)临诊症状 病猪排出白色或灰白色粥状稀粪。

(3)病理变化 病猪胃肠卡他性炎症。

防治方法

仔猪发病早期及时治疗,药物和方法较多,要因地、因时选用。如白龙散、大蒜甘草液、金银花大蒜液、矽炭银、活性炭、调痢生和促菌生、补充硫酸亚铁或硒、埋线疗法等,以收敛、止泻、助消化为主,必要时,投服抗菌药物。

采取综合防治措施,积极改善饲养管理及卫生条件,做好预防工作,包括加强妊娠母猪和哺乳母猪的饲养管理;做好仔猪的饲养管理;改进猪舍的环境卫生;预防性给药等。

4.猪传染性胃肠炎

猪传染性胃肠炎是由猪传染性胃肠炎病毒引起的急性、接触性的传染病。病猪呕吐、严重腹泻、脱水和以 10 日龄内仔猪高死亡率为特征,可感染各种日龄的猪,其危害程度与病猪的日龄、母猪抗体状况和流行的强度有关。

本病于 1946 年首先在美国发生,此后世界各养猪国家和地区均有流行。我国自 20 世纪 70 年代以来,疫区不断扩大,并与猪流行性腹泻混合感染,给养猪业带来较大的经济损失。

猪传染性胃肠炎病毒属于冠状病毒,迄今只分离出 1 个血清型。病毒大量存在于病猪的空肠、十二指肠、肠系膜淋巴结内,其滴度为每克组织中含 10^8 猪感染剂量,在猪发病的早期,呼吸系统和肾组织的含毒量相当高。猪圈的环境温度可影响猪体内病毒的繁殖,在 8～12℃ 的环境中比 30～35℃ 的环境中产生的毒价高,这可能是本病在寒冷季节多发的一个重要原因。

诊断要点

(1)发病特点 病猪和带毒猪是本病的主要传染源。各种日龄的猪均可感染发病,症状轻微者可自然康复,10 日龄以下的哺乳仔猪发病率和死亡率均较高,随日龄增大死亡率下降;其他动物对本病无易感性;本病在我国多流行于冬春寒冷时节,即从 12 月至次年的 3 月发病最多,夏季发病最少;在产仔旺季发生较多。在新发病猪群,几乎所有猪均可感染发病;在老疫区则呈地方流行,由于经常产仔和不断补充的易感猪发病,使本病在猪群中常存在。

(2)临诊症状 仔猪的典型症状是呕吐,出现急剧的黄色、淡绿或白色水样腹泻。病猪脱水,体重下降,精神萎靡,被毛粗乱。吃奶减少或停止吃奶、战栗、口渴、消瘦,在 2～5 日内死亡,1 周龄以内哺乳仔猪死亡率在 50%～100%,随着日龄增加,死亡率降低;病愈仔猪增重缓慢,生长发育受阻,甚至成为僵猪。

各种年龄的公、母猪表现的症状均是食欲减退或消失,有黄绿、淡灰或褐色并混有气泡水样腹泻;哺乳母猪的症状是泌乳减少或停止,3~7 天病情好转并恢复,极少出现死亡。

(3)病理变化 胃内充满凝乳块。胃底黏膜充血,有的出血;小肠壁变薄,内充满黄绿或灰白色液体,有气泡和凝乳块;小肠肠系膜淋巴管内乳糜。

防治方法

无特效的药物用于治疗,只有多饮清洁水,食易消化饲料或口服补液盐等措施。

由于此病发病率高,传播快,如一旦发病,采取隔离、消毒等措施时,防治的效果也不会很好。而康复猪可产生一定免疫力,所以在规模较大的猪场一旦发病后,经领导研究,可对未分娩母猪及年龄较大猪进行人工感染,使之短期内发病,疫情中止后,可使哺乳仔猪从免疫母猪初乳中获得免疫力,从而保护仔猪免受感染。可用猪传染性胃肠炎弱毒疫苗预防。

5.猪流行性腹泻

猪流行性腹泻是由猪流行性腹泻病毒引起的猪的高度接触性的传染病。病猪表现为呕吐、腹泻和食欲下降,临诊上与猪传染性胃肠炎极为相似。本病于 20 世纪 70 年代中期首先在比利时、英国的一些猪场发现,以后在欧洲、亚洲许多国家和地区都有流行,我国也存在本病。据流行病学调查的结果表明,本病的发生率远远超过猪传染性胃肠炎,其致死率虽不高,但影响仔猪的生长发育,使肥猪掉膘,加之医药费用支出,因此,会给养猪业带来较大的经济损失。

诊断要点

(1)流行病学 本病主要在寒冷的冬春季节流行,往往从外地引进猪后不久全场暴发本病。病猪粪便污染的饲料、饮水、猪舍环境、运输车辆以及工作人员都可成为传播因素,病毒从口腔进入小肠,在小肠内增殖并侵害小肠绒毛上皮。

本病的流行不具有明显的周期性,常在某地或某猪场流行几年后,疫情渐趋缓和,间隔几年后可能再度暴发。本病在新疫区或流行初期传播迅速,发病率高,在1～2周内可遍及整个猪场,以后断断续续发病,流行期可长达6个月。

本病以保育仔猪的发病率最高,可达100%;老母猪和成年猪多呈亚临床感染,症状轻微;哺乳仔猪由于母源抗体的保护,常不发病,若仔猪缺乏母源抗体,则症状严重,死亡率较高。

(2)临诊症状 病猪食欲下降或废绝,精神沉郁,呕吐和水样腹泻,很快消瘦,严重会脱水致死。

(3)病理变化 病死猪肠腔内充满黄色液体,肠壁变薄,肠系膜充血,肠系膜淋巴结水肿,胃内空虚,有的充满胆汁染黄的液体。

防治方法

同猪传染性胃肠炎。

6.猪水肿病

猪水肿病是由致病性大肠杆菌引起断奶仔猪水肿的一种急性、散发性疾病。本病发病突然,有共济失调、惊厥、局部或全身麻痹等神经症状,以及有头部水肿现象。剖检表现为头部皮下、胃壁和肠系膜水肿。

诊断要点

(1)流行病学 本病主要发生于保育期间的仔猪,尤其是断奶后2周内的仔猪,常突然发生,病程短,致死率高,病死率可达90%以上;多发于营养良好和体格健壮的仔猪;一般局限于个别猪群,不广泛传播;多见于春季和秋季。从本病的流行病学调查中发现,仔猪开料太晚,突然断奶,仔猪的饲料质量不稳定,特别是日粮含过高的蛋白质,缺乏某种微量元素、维生素和粗饲料,仔猪的生活环境和湿度变化较大,以及不合理地服用抗菌药致使肠道正常菌群紊乱等因素,都是促使本病发生和流行的诱因。

图 2-1 病猪四肢运动障碍,后躯无力

图 2-2 胃的黏膜层和肌肉层之间呈胶胨样水肿

(2)临诊症状 病猪突然发病,精神沉郁,食欲废绝。粪便干硬,四肢运动有障碍,后躯无力,摇摆和共济失调(见图 2-1);有的病猪作圆圈运动或盲目乱冲,突然猛向前跃;各种刺激或捕捉时,触之惊叫,叫声嘶哑,倒地,四肢不断划地如游泳状;病猪常见脸部、眼睑水肿,重者延至颜面、颈部,头部变"胖"。

(3)病理变化 尸体外表苍白,眼睑、结膜、齿龈等多处苍白、水肿,淋巴结切面多汁、水肿,胃大弯水肿,肠系膜水肿,其他脏器也有不同程度的水肿。上下眼睑、颜面、下颌部、头顶部皮下呈灰白色凉粉样水肿。在胃的黏膜层和肌肉层之间呈胶胨样水肿(见图 2-2);结肠间膜及其淋巴结水肿,整个肠间膜凉粉样,切开有较多液体流出,肠黏膜红肿。

防治方法

加强断奶前后仔猪的饲养管理,提早补料,训练采食,使其断奶后能适应独立生活。断奶不要太突然,不要突然改变饲料和饲养方法。饲料喂量逐渐增加,防止饲料单一或过精,增加丰富的维生素。

病初,投服适量缓泻盐类泻剂,促进胃肠蠕动和分泌,来排出肠内容物;常用的抗菌药物也可应用。对此病治疗主要是综合、对症疗法,尚无成功的经验。

一般用抗菌药物、盐类泻剂(硫酸镁 25~50 克),以抑制或排除肠道内细菌及其产物;用葡萄糖、氯化钙、甘露醇等药静脉注射;安钠咖皮下注射,对较慢性的病例有一定的疗效。

用本病的分离菌株,制成多价灭活菌苗,多次给肥猪接种,以后取其高免血清给病猪注射,据说有较好的疗效。

7. 猪瘟

猪瘟又称"烂肠瘟",是由猪瘟病毒引起的一种急性、发热、接触性传染病。急性病例呈败血症的临诊症状;剖检可见内脏器官出血、坏死和梗死。慢性病例常表现为纤维素性、坏死性肠炎,常有副伤寒及巴氏杆菌病继发感染。

20 多年来,有些国家致力于消灭猪瘟的工作,研制了可靠的疫苗,推广了特异、快速的诊断检疫方法,制定了适合本国国情的兽医法规,执行了严格的防疫措施,取得了显著的成果,有的国家已经宣告消灭了猪瘟,有的国家已基本得到了控制。我国研制的猪瘟兔化弱毒疫苗,经匈牙利、意大利等国家应用后,一致认为该疫苗安全有效,无毒素残留。1976 年在由联合国粮农组织和欧洲经济共同体召开的专家座谈会上,大家一致认为中国的猪瘟兔化弱毒疫苗的应用,对控制和消灭欧洲的猪瘟做出了贡献。

由于贯彻了"预防为主"的方针,我国猪瘟基本上得到了控制。但猪瘟仍是目前危害较大的疫病,在不断总结防治经验的基础上,应该继续做好防疫工作,减少猪瘟造成的损失。

诊断要点

(1)流行病学 各种年龄、品种、性别的猪和野猪均可感染发病。

没有按期进行猪瘟疫苗预防接种的地区,一旦发病,在短期内可造成流行,发病率和死亡率都高。在常发地区或注射疫苗密度不太高的地区,可呈零星散发。猪瘟病毒对腐败、干燥的抵抗力不强,尸体、粪便中的病毒2～3天后即失去活力。对寒冷的抵抗力较强,病毒在冻肉中可存活几个月,甚至数年,并能抵抗盐渍和烟熏。一般常用消毒药,特别是碱性消毒药,对本病毒有良好的杀灭作用。

病猪是主要传染源。病毒通过消化道、呼吸道、眼结膜及皮肤伤口感染等途径传染。在买卖、运输猪途中,病猪的尸体处理不当,兽医卫生措施执行不力,人、动物和昆虫等都可成为间接的传染媒介,促使本病的发生和流行。通过胎盘感染使仔猪患病,成为防治中十分棘手的问题。

(2)临诊症状 猪瘟与发生败血症的猪丹毒、猪肺疫和仔猪副伤寒在症状方面很相似,较难区分,应注意区别诊断。猪瘟的临诊特点是:体温升高到40.5～42℃;有脓性结膜炎;病初便秘,后腹泻;在病猪耳后、腹部、四肢内侧等毛稀皮薄处,出现大小不等的红点或红斑,指压不褪色;公猪有包皮发炎,用手挤压时,有恶臭混浊液体射出,急性病例多在1周左右死亡。死亡率可达60%～80%;小猪有神经症状。

慢性病猪,体温时高时低,食欲时好时坏,便秘与腹泻交替发生,病猪明显消瘦、精神萎靡,步态不稳、一般病程可达20天或以上,病猪大多会死亡。

(3)病理变化 感染猪瘟的猪死亡的主要原因是败血症,皮肤或皮下有出血点;颈部、内脏等处淋巴结肿大,暗红色,切面周边出血;肾脏色淡,有数量不等的出血点;脾脏边缘梗死(见图2-3);喉头黏膜、会厌软骨、膀胱黏膜、心外膜、肺及肠浆膜、黏膜有出血点(见图

2-4)。慢性病猪在盲肠、结肠及回盲口处黏膜上形成扣状溃疡。

图 2-3　脾脏边缘梗死

图 2-4　肠浆膜、黏膜有出血点

近些年来，急性猪瘟少发，但非典型性猪瘟（温和型）常见，其特点是病情温和，病程缓慢，病理变化局限，呈散发等不典型表现，这就需要经实验室检验才能做出可靠的诊断和鉴别。

防治方法

规模养殖场按推荐免疫程序进行免疫，散养猪在春秋两季各实施一次集中免疫，对新补栏的猪要及时免疫。规模养猪场免疫中商品猪 25～35 日龄初免，60～70 日龄加强免疫一次；种猪 25～35 日龄初免，60～70 日龄加强免疫一次，以后每 4～6 个月免疫一次。

散养猪每年春、秋两季集中免疫，每月定期补免。

发生疫情时对疫区和受威胁地区所有健康猪进行一次强化免疫。最近 1 个月内已免疫的猪可以不进行强化免疫。

免疫 21 天后，进行免疫效果监测。采取定期注射和经常补针相结合的办法，用猪瘟兔化弱毒冻干苗，稀释后大小猪一律肌肉注射 1 毫升，注射后第 4 天即可产生免疫力，免疫期可达 1 年以上。

防治猪瘟，预防是关键。坚持自繁自养是防止猪瘟传入的有效方法。引进种源，必须严格检疫，隔离观察 20 天以上才能进入生产区。猪场要建立严格的卫生措施，栏舍、环境要定期消毒。严禁无关人员进入生产区。对不同阶段、不同途径的猪实行分舍饲养，避免互相感染。另外，做好猪场、猪舍的隔离、卫生、消毒和杀虫工作，减少猪瘟病毒的侵入。

及时淘汰带毒种猪,改善饲养管理,做好圈舍、环境及管理用具的卫生、消毒工作。

8.猪气喘病

猪气喘病是由猪肺炎支原体引起的猪的接触性、慢性呼吸道传染病,又称"猪地方流行性肺炎"或"支原体性肺炎"。病猪表现为咳嗽、气喘和呼吸困难。病死猪肺的尖叶、心叶、中间叶和膈叶前缘呈肉样或虾肉样对称性实变,以及肺门淋巴结增生。多呈慢性,常与其他病菌继发感染。本病遍布全球,我国地方品种猪最易感染,其发病率较高,病死率却极低,对病猪的生长发育影响很大。

诊断要点

(1)流行病学 本病只发生于猪,各种年龄、性别、品种的猪都可发病,但以小猪症状较明显,死亡率高;体格健壮的猪,偶有咳嗽声;本病多为慢性经过,在新疫区可急性暴发,在饲养管理不良、气温骤变时,病猪病情加重,药物治疗后,症状暂时消退,以后会复发。

(2)临诊症状 病猪体温、精神和食欲正常,但有咳嗽和喘气现象,随着不良因素的影响,症状将变明显。

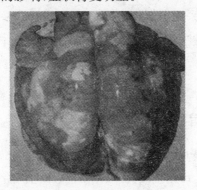

图 2-5 病猪肺的心叶、尖叶和膈叶发生对称性的实变

(3)病理变化 病猪肺的心叶、尖叶和膈叶发生对称性的实变(见图 2-5)。肺中间叶实变,以及肺门淋巴结肿大、增生,其他器官无

明显变化。

防治方法

(1)认真贯彻自繁自养的原则 防止从外单位购进病猪。很多猪场健康猪发生喘气病,多是从外地购进慢性或隐性感染病猪而引起。

(2)加强饲养管理 喂给优质饲料,保持猪圈清洁、干燥、通风,勤换垫料,防寒保暖,避免过于拥挤,定期消毒。

(3)使用弱毒苗 中国兽药监察所已研制出猪喘气病弱毒苗,可以试用。

(4)发病时的控制措施 发病猪场要采取严格隔离,加强饲养管理,对症治疗,淘汰病猪,更新猪群。

病猪的康复有赖于饲养管理,将病猪按大小、强弱及习性分槽饲养。饲喂时要细心照料,少给勤添。定时、定量、定温。保持圈舍清洁干燥,勤垫草勤起圈。冬季要防湿保干,防寒保暖。根据圈舍大小分养猪只,防止堆压拥挤。病猪舍及管理用具,定期消毒。粪便堆积发酵后施入土壤。

药物治疗

对猪气喘病采用中西药物治疗,所用药物多是对症治疗,只能减轻症状,促进炎性吸收,防止继发感染和增强猪的体质。早期用卡那霉素治疗有一定效果。为防止继发感染,也可用抗菌药物及时对症治疗。

9.猪细小病毒病

猪细小病毒病是由猪细小病毒引起的猪的繁殖障碍病。感染的母猪,尤其是初产母猪生出死胎、畸形胎、木乃伊胎、弱仔猪。

诊断要点

(1)流行病学 细小病毒可引起多种动物感染,猪细小病毒导致母猪出现繁殖障碍;不同年龄、性别的家猪和野猪都可感染;本病多发生于初产母猪;既可水平传播,又可垂直传播,特别是购入带毒猪后,可引起暴发流行;本病具有很高的感染性,易感的健康猪群一旦病毒传入,3个月内感染率为100%;感染猪在较长时间内血清检查为阳性。

(2)临诊症状 猪场在一定时期有多头母猪发生流产、死胎、木乃伊胎、胎儿发育不良等情况,而母猪本身没有任何症状,同时有传染性时,应考虑有本病的存在可能。

防治方法

无有效的治疗本病方法。引进种猪时,进行猪细小病毒的血凝抑制试验,当HI滴度在1:256以下呈阴性时,方可引进。

疫苗有灭活疫苗和弱毒疫苗2种,我国普遍使用的为灭活疫苗,初产母猪和育成公猪,在配种前一个月免疫注射。

"处女"母猪推迟在9月龄后配种,在本病流行地区可考虑试行,将血清反应阳性的老母猪放入后备种猪群中,或将"处女"猪赶到污染猪圈内饲养等方法,使其自然感染而产生天然主动免疫的方法。本病发生流产或木乃伊胎的同窝的幸存仔猪,不能留作种用;同样,头胎母猪的后代也不宜留作种用。

10.猪丹毒

猪丹毒是猪丹毒杆菌引起的猪的急性、败血性传染病。病猪表现为败血症和皮肤疹块。慢性病猪表现为慢性心内膜炎和慢性关节炎。

诊断要点

(1)发病特点 本病以4～6月龄的架子猪发病最多;在发病初期猪群中的猪表现为最急性经过,突然有猪死亡,且多为健壮大猪,以后陆续发病或死亡;如能及时采取治疗措施,常可终止流行;青霉素治疗有效;猪丹毒发生有明显的常在性。

(2)临诊症状 败血型猪丹毒,体温可高达42℃以上,突然发病,皮肤红斑指压、褪色及呕吐等。疹块型以病猪体表皮肤上出现疹块为特征(见图 2-6)。慢性病猪表现为心内膜炎和关节炎。

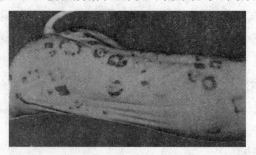

图 2-6 皮肤上出现疹块

(3)病理变化 病死猪淋巴结肿大,切面多汁,或有出血;脾肿大,紫红色,切面结构不清,易刮脱;肾肿大,皮质部有大头针帽大小出血点;胃底部及小肠(十二指肠及空肠前段)有卡他性或出血性炎症;慢性病例是左心二尖瓣有菜花样赘生物,或关节炎。

防治方法

做好平时预防注射,我国使用的有 2 种菌苗:一是猪丹毒氢氧化铝甲醛菌苗,10 千克以上的断奶猪,一律皮下注射 5 毫升,注苗后 21 天产生免疫力,免疫期为 6 个月。二是猪丹毒弱毒菌苗其为冻干苗,用 20%氢氧化铝生理盐水稀释,大小猪一律皮下注射 1 毫升,注苗后 7 天产生免疫力,免疫期 6 个月。口服时,每头猪 2 毫升,含菌 14 亿,服后 9 天产生免疫力,免疫期 6 个月。

发病后应隔离病猪,用青霉素治疗,每天 1 次,连续 3～5 天,病情较重的猪两次注射间隔 12 小时;保持用具、场圈的清洁卫生,定期用消毒剂(10%石灰乳等)消毒。

11.猪肺疫(猪巴氏杆菌病)

猪肺疫又称"猪巴氏杆菌病",俗称"锁喉疯"或"肿脖子瘟",是由多杀性巴氏杆菌引起的急性、散发性和继发性传染病。急性病例呈出血性败血病、咽喉炎和肺炎的症状。慢性病表现为慢性肺炎,呈散发性。本病常为其他传染病的继发病。

诊断要点

(1)流行病学 本病常见于中、小猪;一年四季中,以秋末春初及气候骤变季节发生最多;南方易发生于潮湿闷热的 5~9 月;长途运输、饲养管理不当、卫生极差及环境突变等是发病的重要应激因素。

(2)临诊症状 急性病例病程较短,典型的表现是:急性咽喉炎、颈部高度红肿,热而坚硬,呼吸困难及肺炎症状;散发或继发性的慢性病猪,症状不明显,易和其他传染病相混淆。

(3)病理变化 最急性病例表现为败血症,咽喉部急性炎症。急性病例主要为肺的不同肝变炎灶(见图 2-7)以及胸部淋巴结的炎症。慢性病例为肺部较陈旧的肺炎灶。

图 2-7 肺的不同肝变炎灶

防治方法

部分猪的上呼吸道带有巴氏杆菌,在不良应激因素下,常可诱发本病。因此,预防本病的根本办法是"预防为主",消除或减少降低猪抵抗力的一切不良因素,加强饲养管理,做好兽医卫生工作,以增强猪体的抵抗力。

春秋两季定期进行预防接种,目前使用 2 种菌苗,即猪肺疫氢氧化铝甲醛菌苗和口服猪肺疫弱毒冻干菌苗。

发病后的措施:

①隔离病猪，及时治疗。磺胺类药物及抗生素都可用于治疗。

②猪舍的墙壁、地面、饲养管理用具进行消毒，垫草烧掉。

12. 仔猪副伤寒 (猪沙门氏菌病)

仔猪副伤寒主要是由猪霍乱和猪伤寒沙门氏菌引起的仔猪传染病。急性病例为败血症，慢性病例为大肠坏死性炎症及肺炎。本病在世界各地均有发生，是猪的一种常见病和多发病。本菌接种在麦康凯培养基上，经 24 小时培育后长出细小、透明、圆整光滑、不变色的菌落，而大肠杆菌则长成红色的大菌落。

本病多发生于 2～4 月龄的仔猪，成年猪很少见到。本病菌对干燥、腐败、日光等因素具有一定的抵抗力。一般用消毒药都能在短时间内将其杀死。

本病在我国各地的猪场都有发生，特别是在饲养卫生条件不好的猪场，经常有本病发生，给养猪业造成了很大损失。

诊断要点

(1) 流行病学　本病主要发生于 2～4 月龄猪，多发生于环境卫生差、寒冷气候多变及阴雨连绵季节和仔猪抵抗力降低时。健康猪携带本菌在临床上相当普遍，病菌可潜伏于消化道、淋巴组织和胆囊内，当断奶后的仔猪饲养管理不当，气温骤变，猪舍饲养密度过大、潮湿、卫生差、空气不流通，长途运输或有并发感染时，都可促使本病的发生。对病猪隔离不严，尸体处理不当，病猪的排泄物污染了水源、饲料，也可感染此病。鼠类在本病的传播中也起重要的作用，本病的流行特点是呈散发性和地方流行性。

(2) 临诊症状　病猪的临床症状有急性型和慢性型两种。

①急性型或称"败血型"：主要发生在断奶不久的仔猪身上，在本病流行的初期，突然发病，精神、食欲不振，体温升高至 41℃ 以上，腹部收缩，拱背，接着出现腹泻，粪便恶臭，体温下降，肛门、尾巴、后腿等处沾污混有血液的黏稠粪便，在猪的下腹部、耳根和四肢蹄部皮肤

出现紫红色斑块,病猪常伴有咳嗽和呼吸困难。若治疗不当,在发病后 3～5 天内死亡。

②慢性型:为常见的类型,与猪瘟的症状相似,病猪体温略升高,40℃左右,精神沉郁,食欲下降,寒战,有眼屎,喜扎堆或钻草窝,腹泻,粪便呈淡黄色、黄褐或淡绿色,腹泻日久排粪失禁,有的病例在下腹部出现湿疹状丘疹,被毛乱,失去光择,末端皮肤呈暗紫色,叫声嘶哑,后肢无力,强迫行走则东歪西倒,病程 2～3 周,病情时好时坏。护理良好和治疗正确的可以痊愈,否则病猪多死亡或被淘汰。

急性病例发病初期,与猪瘟相似,需结合其他资料综合判断。典型的症状是持续下痢,呈慢性经过,部分仔猪还有肺炎症状。

(3)病理变化 病死猪大肠黏膜呈典型的坏死和溃疡,或黏膜呈弥漫性坏死;肠壁变厚,失去弹性;肝、淋巴结等呈现干酪样坏死。脾肿大,边缘钝,肠系膜淋巴结呈索状肿大,并有似大理石样色泽,肝、肾也有不同程度的肿大,全身出现败血症的病变。慢性病例表现为坏死性肠炎,多见于盲肠、结肠,有时波及回肠后段,肠壁增厚,黏膜上覆盖一层弥漫性坏死物质,剥开底部呈红色,边缘呈不规则的溃疡面。

防治方法

饲养管理水平较差和卫生条件不良常引起本病的发生和传播,认真贯彻"预防为主"的方针是预防本病的根本措施。首先应该加强饲养管理和改善卫生条件,增强仔猪抗病力,用具和食槽经常洗刷消毒,圈舍要清洁,保持干燥,勤换垫草,及时清除粪便。仔猪提前补料,防止吃脏物。断乳仔猪根据体质强弱大小,分槽饲喂,给以优质而易消化的多样化饲料,适当补充矿物质,严禁突然更换饲料。

在本病常发地区,可对 1 月龄以上或断奶仔猪用仔猪副伤寒冻干弱毒菌苗预防。

发病后的措施:隔离病猪,及时使用抗菌药物治疗。并且坚持改善饲养管理及卫生条件相结合,这样才能收到满意效果。定期清扫、消毒圈舍,尤其是饲槽要经常刷洗干净。粪便堆积发酵后施入土壤。根据疫情的具体情况,对假定健康猪可在饲料中加入抗菌药物进行预防。死猪应深埋,切不可食用,防止人发生中毒事故。

13. 口蹄疫

口蹄疫是由口蹄疫病毒引起的偶蹄兽的急性、热性和高度接触性传染病。本病以猪口腔黏膜、鼻吻部、蹄部及乳房皮肤生成水疱和溃烂为特征。猪口蹄疫的发病率很高,传染快,流行面大,对仔猪可引起大批死亡,造成严重的经济损失,世界各国对口蹄疫防疫都十分重视,此病已成为国际重点检疫对象。

诊断要点

(1)流行特点　牛、羊、猪等偶蹄动物都可发生;猪对口蹄疫病毒特别具有易感性,常见到仅猪发病,牛、羊等偶蹄兽不发病的现象;不同年龄的猪易感程度不完全相同,年龄小的仔猪发病率高,病情重,死亡率高;猪口蹄疫多发生于秋末、冬季和早春,在春季达到高峰,但在大型猪场及生猪集中的仓库,一年四季均可发生;本病常呈跳跃式流行,主要发生于集中饲养的猪场、城郊猪场及交通沿线;畜产品、人、动物、运输工具等都是本病的传播媒介。

图 2-8　蹄冠、蹄叉、蹄踵发红,生成水疱和溃烂

(2)临诊症状　病猪以蹄部水疱为特征,体温升高,全身症状明

显,蹄冠、蹄叉、蹄踵发红、生成水疱和溃烂(见图 2-8),有继发感染时,蹄壳可能脱落;病猪跛行,喜卧;病猪鼻盘、口腔、齿龈、舌、乳房(主要是哺乳母猪)也可见到水疱和烂斑;仔猪可因肠炎和心肌炎死亡。

防治方法

若疑为口蹄疫时,应立即向上级有关部门报告疫情,并采集病料送检。

发现本病或可疑病猪时,应立即封锁场地和隔离病猪,并迅速报告上级有关防疫机构,协助诊断。封锁的猪场,全群使用1%～3%的过氧乙酸带猪消毒,猪栏内用戊二醛消毒,1天2～3次。对病猪除采用对症治疗外,还需控制继发感染,受威胁的动物可用口蹄疫疫苗进行紧急预防注射。

对猪舍、环境及用具等进行彻底消毒。

15.猪水疱病

猪水疱病又称"猪传染性水疱病",是由猪水疱病病毒引起的急性、热性、接触性传染病。本病主要特征为猪的蹄部、鼻端、口腔黏膜、甚至乳房皮肤生成水疱。本病传染迅速、发病率高,对养猪业的发展构成严重威胁。

诊断要点

(1)发病特点　各种品种、年龄、性别的猪都可感染发病,人类也易感;本病一年四季都可发生,不同条件的养猪场发病率在10%～100%不等;猪群因高度集中、调运频繁,或在猪仓库、屠宰场、铁路沿线等处传播快,发病率高;分散饲养的农村和农户,发生和流行少。

(2)临诊症状　病猪体温升高,主要症状是在蹄冠、蹄叉、蹄踵或副蹄出现水疱和溃烂,病猪跛行,喜卧;重者继发感染,蹄壳脱落;部分病猪(50%～100%)在鼻端、口腔黏膜出现水疱和溃烂;部分哺乳母猪(约8%)乳房上出现水疱,多因疼痛不愿哺乳,致使仔猪无奶而死。

（3）**鉴别诊断**　本病在临诊症状上与口蹄疫、水疱性口炎及水疱疹极为相似,尤其是单纯口蹄疫和水疱病的流行特点和临诊症状几乎完全相同,难以区分。所不同的是,口蹄疫还能引起牛、羊、骆驼等偶蹄动物发病;水疱性口炎除传染牛、羊、猪外,还能传染马;而水疱疹及水疱病只传染猪,不传染其他家畜。

防治方法

参照口蹄疫中的防治方法。在受威胁区和疫区可用弱毒疫苗预防注射。

15. 猪布鲁氏菌病

猪布鲁氏菌病是由猪布鲁氏杆菌引起的慢性传染病。其症状是生殖器官和胎膜发炎,引起流产、不育和各种组织的局部化脓性病灶。布鲁氏菌也能感染人和多种动物。

诊断要点

（1）**流行病学**　本病的传染源是病猪及带菌动物。最危险的是已感染的妊娠母猪,在流产或分娩时将大量猪布鲁氏杆菌随着胎儿、胎水和胎衣排出。种公猪受感染而发生睾丸炎,其精囊中带有该菌。自然情况下,本病多通过消化道感染,公猪交配时也会传染给母猪。5月龄以下的仔猪对本病有抵抗力,6～7月龄的猪对本病就有了易感性。第一胎母猪发病率高,阉割后的公母猪感染率较低。

（2）**临诊症状**　母猪主要症状是流产,多发生在妊娠的第4～12周。也有在妊娠的第2～3周流产的。早期流产因母猪常将胎衣连同胎儿吃掉而不易发现。流产前数日精神沉郁,阴唇和乳房肿胀,阴道流出黏性分泌物。公猪表现为睾丸炎和附睾炎,有时局部疼痛不愿配种;一侧或两侧无痛性肿大（见图2-9）;有的表现较急,局部热痛,并伴有全身症状。有的病猪睾丸发生萎缩、硬化,性欲减退或甚至丧失,失去配种能力。此外,公、母猪都可能有关节和脊椎的脓肿、关节炎,引起跛行或瘫痪。

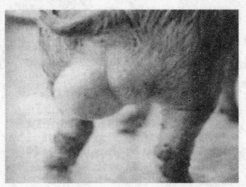

图 2-9 病猪睾丸肿大

(3)**病理变化** 胸腹腔有红色液体及纤维素,胃、肠黏膜有出血点;有木乃伊胎。胎衣充血、出血和水肿,有的还见坏死灶;母猪子宫黏膜上有多个坏死小结节。公猪睾丸及附睾肿大,切开有小的坏死灶。公猪可见有关节炎症状。

防治方法

种猪场,要坚持自繁自养的原则,特别要防止引入种猪时将此病带入。

凡经查明为病猪或阳性猪时,应立即隔离,一律育肥、淘汰或食用,以除后患。

在发病猪场,对检疫证明无病的猪,用布鲁氏杆菌猪型 2 号弱毒冻干菌苗进行预防免疫,最好在配种前 1~2 个月进行,免疫期暂定为 1 年。

加强兽医卫生管理,特别要注意产房及用具的彻底消毒。妥善处理流产胎儿、胎衣、胎水及阴道分泌物。

16. 猪痘

猪痘是由猪痘病毒引起的急性、热性传染病。其症状是病猪的皮肤和黏膜上发生痘疹。

诊断要点

(1)流行特点　猪痘主要是健康猪与病猪通过损伤的皮肤接触而感染,猪血虱,吸血昆虫如蚊、蝇也是重要的传播中介。此病多发生于4~6周龄仔猪及断乳仔猪,发病急,死亡率高;猪舍潮湿、拥挤及营养不良时,发病和死亡率会提高。

(2)临诊症状　病猪体温升高,精神和食欲不振。痘疹主要发生于皮薄毛少的部位,如鼻镜、鼻孔、唇、齿龈、腹下、腹侧和四肢内侧等处,也可发生在背部皮肤(见图2-10),死亡猪的咽、口腔、胃和气管常有疱疹。

图2-10　病猪背部皮肤

防治方法

平时做好猪的饲养管理和圈舍、环境卫生工作。消灭猪血虱,杀灭蚊、蝇等传播中介,具有重要预防作用。

对病猪作局部对症治疗,可涂擦碘酊、甲紫溶液,其治疗效果较好。对个别体温升高的患病猪,可用抗菌素加退热药(青霉素、安乃近或安痛定等)防止继发感染;康复猪可获得免疫力。

17.猪痢疾

猪痢疾又称"血痢"是由猪痢疾密螺旋体引起的猪肠道传染病,表现为黏液性、出血性下痢,急性型以出血性下痢为主,亚急性和慢性以黏液性腹泻为主。特征性病理变化为大肠黏膜发生卡他性、出血性及坏死性炎症。

本病自 1921 年美国首先报道以来,目前已遍及世界各主要养猪国家。我国一些养猪场已证实有本病的流行。本病一旦侵入猪场,则不易根除,幼猪的发病率和病死率较高,生长率下降,饲料利用率降低,加上药物治疗的耗费,给养猪业带来了一定的经济损失。

诊断要点

(1)**发病特点**　在自然情况下,只有猪发病;各种年龄、品种的猪都可感染,但主要侵害的是 2~3 月龄的仔猪;小猪的发病率和死亡率都比大猪高;病猪及带菌猪是主要的传染源,本病的发生无明显季节性;由于带菌猪的存在,经常通过猪群调动和买卖猪只将病散开。带菌猪在正常的饲养管理条件下一般不发病,当有降低猪体抵抗力的不利因素、饲料不足和缺乏维生素时,便可引起发病。本病一年四季均有发生,其传播缓慢,流行期长,可长期危害猪群。各种应激因素,如猪舍阴暗潮湿、气候多变、拥挤、营养不良等均可引起本病的发生和流行。本病一旦传入猪群,很难根除,用药可暂时好转,停药后往往又会复发。

(2)**临诊症状**　最常见的症状是出现不同程度的腹泻。一般是先拉软粪,渐变为黄色稀粪,内混黏液或血液。病情严重时所排粪便呈红色糊状,内有大量黏液、血块及脓性分泌物,有的拉灰色、褐色甚至绿色糊状粪,有时带有很多小气泡,并混有黏液及纤维素伪膜。病猪常有精神不振、厌食及喜饮水、拱背、脱水、腹部卷缩、行走摇摆、用后肢踢腹,被毛粗乱无光,迅速消瘦,后期排粪失禁等症状。肛门周围及尾根被粪便沾污(见图 2-11),无力起立,极度衰弱最后死亡。大部分病猪体温正常。慢性病例的症状轻,病期较长,出现进行性消瘦,生长停滞。

(3)**病理变化**　本病的特征性病变主要在大肠(结肠、盲肠),尤其是回、盲肠接合部,而小肠一般没有病变。急性病猪有大肠黏液性和出血性炎症,黏膜肿胀、充血和出血(见图 2-12),肠腔充满黏液和血液;病程稍长的病例,会发生坏死性大肠炎,黏膜表面上有点状、片状或弥漫性坏死,肠内混有大量黏液和坏死组织碎片。其他内脏器官无明显变化。

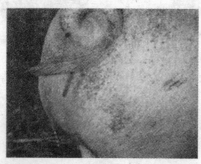 

图 2-11　病猪肛门周围及尾根被粪便沾污　图 2-12　病猪肠黏膜肿胀、充血和出血

防治方法

防止从病场购入带菌种猪;如果引入了带菌种猪,则须隔离观察和检疫。

病猪应及时治疗,药物治疗常有一定效果,如痢菌净 5 毫克/千克体重,内服,每日 2 次,连服 3 日为一疗程,或按 0.5% 痢菌净溶液 0.5 毫升/千克体重,肌肉注射;硫酸新霉素、林可霉素等多种抗菌药物都有一定疗效。本病治后易复发,须用坚持疗程和改善饲养管理相结合的方法来治疗。

对猪舍环境进行清扫和消毒;粪便发酵后施入土壤;淘汰病猪;坚持药物、管理和卫生相结合的净化措施,可收到较好的净化效果。

18. 破伤风

破伤风又称"强直症"、"锁口风",是由破伤风梭菌经过创伤感染引起的急性、中毒性传染病。病猪的肌肉呈持续性的强直痉挛和对外界刺激的兴奋性增高。

诊断要点

(1)**流行病学** 本病常见于猪,主要是经过创伤感染,多因阉割消毒不严而引起。

(2)**临诊症状** 四肢僵直,两耳竖立,尾不摆动,牙关紧闭,重者发生全身痉挛及角弓反张;对外界刺激兴奋性增高,常有"吱吱"的尖细叫声;如治疗不及时或治疗不当常会死亡。

防治方法

防止外伤发生。猪阉割时,作好器械和术部的消毒工作。

为预防猪去势时感染,可在去势的同时,给猪注射破伤风抗毒素血清 3000 单位,会有较好预防效果。

对病猪及时治疗,方法包括:将猪放置安静地方;尽量减少或避免刺激;发现和处理好伤口,清除异物,消毒及撒涂消炎药物;早期及时注射抗破伤风血清,猪为 10 万~20 万单位,分两次皮下注射;使用镇静解痉药物,如氯丙嗪 50~100 毫克,或水合氯醛灌肠;或 2% 硫酸镁 10~15 毫升;或 1% 普鲁卡因穴位注射;补液,注射维生素 C,调整胃肠药等对症疗法。

19.炭疽

炭疽是由炭疽杆菌引起的急性、败血性传染病,各种家畜、野生动物和人都能被感染。主要表现为败血症;剖检变化为血液凝固不良,脾脏显著肿大,皮下及浆膜下有出血性胶样浸润。本病多散发于猪,且以亚急性或慢性居多。

诊断要点

(1)**发病特点** 炭疽杆菌会形成芽孢,在外界环境中能生存很长时间,猪通过消化道感染,放牧猪可经拱土寻食而感染;猪的感受性较低,多为散发或屠宰时发现;夏季发生稍多。

(2)**临诊症状** 此病猪多为慢性症状,生前无明显临诊症状,多在屠宰后肉品检验时才被发现;有的猪(亚急性型)为咽炎症状,体温升高,精神及食欲不振,咽喉及腮腺部明显肿胀,吞咽和呼吸困难,颈部活动不灵活,口鼻黏膜发紫,最后窒息死亡;个别猪也会出现急性败血症症状。

(3)病理变化 为防止扩大散播病原,造成新的疫源地,疑为炭疽病时应禁止解剖。急性败血症病猪,可见迅速腐败,尸僵不全,黏膜暗紫色,皮下、肌肉及浆膜有红色或红黄色胶样浸润,并见出血点;血凝不良,黏稠如煤焦油样;脾脏高度肿大、质软,切面脾髓软如泥状,呈暗红色;淋巴结肿大、出血;心、肝、肾变性;胃肠有出血性炎症。咽型炭疽可见扁桃腺坏死,喉头、会咽、颈部组织发生炎性水肿,周围淋巴结肿胀、出血、坏死。猪宰后慢性炭疽的特征变化是:咽部发炎,扁桃腺肿大、坏死;颌下淋巴结肿大、出血、坏死,切面干燥、无光泽,呈砖红色,有灰色或灰黄色坏死灶;周围组织有黄红色胶样浸润。

防治方法

猪炭疽严重污染猪场,可考虑用无毒炭疽芽孢苗0.5毫升或第2号炭疽芽孢苗1毫升,皮下注射,注射后两周产生免疫力,免疫期1年。

一旦发病,立即用抗炭疽血清50～100毫升(大猪)和抗生素(青霉素、四环素等)或磺胺类药治疗。

上报疫情,采取封锁、隔离、消毒、毁尸的措施,尽快扑灭疫情。

20.伪狂犬病

伪狂犬病是由伪狂犬病病毒引起的家畜和野生动物的急性传染病。成年猪呈隐性感染或有上呼吸道卡他性症状,妊娠母猪流产、死胎,哺乳仔猪表现为脑脊髓炎和败血症。

诊断要点

(1)发病特点 猪等多种动物可自然感染;病猪、带毒猪是重要传染源,通过消化道、呼吸道、伤口及配种等发生感染;母猪感染后,仔猪吃奶而感染;妊娠母猪通过胎盘感染胎儿。本病多发于冬、春季节,哺乳仔猪死亡率高。

(2)临诊症状 随猪龄不同,症状有很大差异,但都无痛痒症状。新生仔猪及 4 周龄以内仔猪,常突然发病,体温升至 41℃以上,病猪精神委顿,不食、呕吐或腹泻;随后步态不稳,运动失调,兴奋不安,全身肌肉痉挛,或倒地抽搐;不自主地前冲、后退或转圈运动;随着病程发展,四肢麻痹,倒地侧卧,四肢乱动,头向后仰,最终死亡,病程 1～2 天,死亡率高。4 月龄左右的猪,多轻微发热,流鼻液,咳嗽,呼吸困难,有的腹泻,几天可恢复。妊娠母猪会流产、产出死胎、木乃伊胎或弱胎。流产率可达 50%。成年猪一般隐性感染,有时可见上呼吸道卡他性炎症。

(3)病理变化 鼻腔卡他性或化脓性炎症,咽喉部黏膜水肿,并有纤维素性、坏死性伪膜覆盖;肺水肿,淋巴结肿大,脑膜充血水肿,脑脊髓液增多;胃肠卡他性或出血性炎症;镜检脑有非化脓性脑炎;流产胎儿的肝、脾、淋巴结及胎盘绒毛膜有凝固性坏死。

防治方法

防止购入种猪时带入病原,注意隔离观察,并消灭养猪场的老鼠。

发生本病时,扑杀病猪,对猪舍及环境进行消毒,粪便发酵处理。

疫苗接种时,种公猪用灭活疫苗每年免疫 2 次。种母猪用灭活疫苗在配种前和产前各免疫 1 次。种商品猪抗体阴性时,用基因缺失弱毒苗免疫 1 次(一般在 50～70 日龄时)。

21.李氏杆菌病

李氏杆菌病是由李氏杆菌引起的人兽共患传染病。病猪表现为脑膜脑炎、败血症和单核细胞增多症。

诊断要点

(1)流行特点 多种动物如禽类、鱼类等是本菌储存宿主,患病动物和带菌动物是主要传染源;通过消化道、呼吸道、伤口等感染;猪易感,多散发,冬季和早春时多发生。

(2)**临诊症状** 败血症和脑膜脑炎混合型多发生于哺乳仔猪,突然发病,体温升到41～42℃,不吃奶,粪干尿少,后期体温下降。病猪多数表现为脑炎症状,即兴奋,共济失调,肌肉震颤,无目的跑动或转圈,或后退,或以头抵地呆立;有的头颈后仰,呈观星姿势。严重的倒卧,抽搐,口吐白沫,四肢乱划动,受到刺激则惊叫,病程3～7天。麻痹、流涎、不吃、委顿,24～36小时死亡。

防治方法

平时作好饲养管理,不从病场购入种猪,驱除场内鼠类。

一旦发病,及时隔离治疗,严格消毒;使用链霉素、青霉素、庆大霉素等,病初用大剂量,坚持疗程,有较好疗效。

22.日本乙型脑炎

日本乙型脑炎又称"流行性乙型脑炎",是由日本乙型脑炎病毒引起的急性人兽共患传染病。病猪表为高热、流产、死胎和公猪睾丸炎。

诊断要点

(1)**流行病学** 乙型脑炎是自然疫源性疫病,许多动物感染后可成为本病的传染源,猪的感染最为普遍,血检抗体阳性率在90%以上;猪的饲养数量大,感染后病毒血症时间长,血中含毒量高,蚊蝇吸血,通过猪—蚊—猪等循环,扩大病毒的散播,猪是本病主要的贮存宿主和传染源。本病主要通过蚊的叮咬进行传播,主要是库蚊、伊蚊和按蚊属的各种蚊,其中三带喙库蚊是主要传播媒介。由于经蚊传播,有明显的季节性,多集中在夏末秋初,大多数病例发生在7,8,9三个月;猪的发病年龄与性成熟有关,多在6月龄左右发病;其特点是感染率高,发病率低(20%～30%),死亡率低;新疫区发病率高,病情严重,以后逐年减轻,最后多呈无症状的带毒猪。

(2)**临诊症状** 猪感染乙脑时,临诊上几乎没有脑炎症状的病例。猪常突然体温升至 40～41℃,稽留热,病猪精神委顿,食欲减少或废绝,粪干呈球状,表面附着灰白色黏液;有的猪后肢呈轻度麻痹,步态不稳,关节肿大,跛行;有的病猪视力有障碍,最后麻痹死亡。

妊娠母猪发生流产,产出死胎、木乃伊胎和弱胎,母猪无明显异常表现,同胎也见有正常胎儿。

公猪常发生一侧性或两侧性睾丸肿大,患病睾丸阴囊皱褶消失、发亮,有热痛感,经 3～5 天后肿胀消退,有的睾丸变小变硬,失去配种繁殖能力。如仅有一侧发炎,则仍有配种能力。

(3)病理变化　流产胎儿脑水肿,皮下血样浸润,肌肉似水煮样,腹水增多;木乃伊胎儿从拇指大小到正常大小;肝、脾、肾有坏死灶;全身淋巴结出血;肺淤血、水肿;子宫黏膜充血、出血和有黏液。

胎盘水肿或出血。公猪睾丸实质充血、出血和小坏死灶;睾丸硬化者,体积缩小,与阴囊粘连,实质结缔组织化。

防治方法

猪乙型脑炎无治疗方法,也无必要治疗,多为隐性感染,一旦确诊最好淘汰。做好死胎儿、胎盘及分泌物等的处理。驱灭蚊虫,注意消灭越冬蚊。

在流行地区猪场,在蚊虫开始活动前 1～2 个月,对 4 月龄以上至 2 岁的公母猪,应用乙型脑炎弱毒疫苗进行预防注射,第二年加强免疫一次,免疫期可达 3 年,有较好的预防效果。

23.钩端螺旋体病

钩端螺旋体病是由致病性钩端螺旋体引起的人兽共患传染病。病猪表现为发热、血尿、贫血、黄疸、流产。多为隐性感染。

诊断要点

(1)流行病学　病畜和带菌动物是本病传染源,其中鼠类是重要传染源。猪感染钩端螺旋体非常普遍;带菌动物主要通过尿液排菌,污染水、土壤、物体、用具等,通过皮肤、黏膜感染,特别是破损皮肤,感染率更高,也可通过消化道感染;主要为散发,也有呈地方性流行的,已证明猪常引起洪水型和雨水型(流行中有三种类型:稻田型、洪水型和雨水型)。一年四季可发生,夏秋季为发病的高峰期。

(2)临诊症状 猪表现有急性、亚急性和慢性三种。病猪体温升高,精神不振,眼结膜黄染,有血红蛋白尿或血尿;有的发生抽搐、嘶叫、摇头等神经症状;怀孕母猪发生流产,有死胎、木乃伊胎或弱胎;病程短的为 1～2 天,一般为一周左右。

(3)病理变化 病猪皮肤、皮下组织、浆膜、黏膜有一定程度黄疸,胸腔和心包积液,心内膜、肠系膜、肠、膀胱黏膜出血;肝肿大,棕黄色,肾肿大、淤血,慢性者有散在灰白色病灶。

防治方法

猪群中发现病猪后,可全群投药,每千克饲料中加入土霉素 0.75～1.5 毫克,连喂 7 天,可减轻症状和清除带菌状态。怀孕母猪在产前连喂一个月可防止流产。病猪可用其他抗生素和对症疗法(补液、注射维生素 C、强心、利尿等)。

隔离病猪及可疑病猪,防止乱窜,防止污染水源。消灭老鼠,对猪舍及环境消毒,重视对粪尿污染处消毒工作。必要时可用单价或多价弱毒菌苗预防接种。

24.猪链球菌病

猪链球菌病是由 C、D、E 及 L 群链球菌引起的猪的多种疾病的总称。自然感染的部位是上呼吸道、消化道和伤口。常表现为病猪急性败血症、脑炎、局灶性淋巴结化脓、慢性关节炎及心内膜炎,而仔猪主要是急性败血症及关节炎、脑炎,部分淋巴结化脓。

诊断要点

(1)流行特点 病猪和带菌猪是传染源,通过呼吸道和皮肤损伤感染,小猪由脐带感染,大小猪都可感染,哺乳仔猪发病和病死率都高,架子猪次之,成年猪更少;本病一年四季均可发生,但在夏、秋季潮湿闷热的天气多发。有时甚至可呈地方性暴发,主要发生在断乳后的保育猪,发病急、死亡率高。通过呼吸道和皮肤的伤口感染,小猪也可由脐带感染。淋巴结化脓主要发生于架子猪,传播缓慢,发病率低,但可在猪群中陆续发生。

(2)临诊症状

①急性败血型:突然发生,体温升到40～42℃,全身症状明显,结膜潮红、流泪、流鼻液、便秘。部分病猪见关节炎,跛行或不能站立。有的病猪出现共济失调、磨牙、空嚼或昏睡等神经症状,后期呼吸困难,1～4天死亡。

②脑膜脑炎型:多见于哺乳猪和断奶仔猪,除全身症状外,很快表现出四肢共济失调、转圈、磨牙、仰卧、后肢麻痹、爬行等神经症状,部分病猪出现关节炎,病程1～5天。

③淋巴结脓肿型:多见于颌下淋巴结,有时见于咽部和颈部淋巴结。淋巴结有肿胀、热、痛等症状,影响采食、咀嚼、吞咽和呼吸。有的咳嗽、流鼻液,淋巴结脓肿成熟,中央变软、皮肤变薄、后自行破溃流出脓汁,以后全身症状好转,局部治愈,病程2～3周。

④关节炎型:由前面两种形式转变而成,或发病即表现为关节炎症状,一肢或几肢关节肿胀、疼痛、跛行,重者不能站立;精神和食欲时好时坏,衰弱死亡,或逐渐恢复,病程2～3周。

(3)病理变化

①急性败血型:病猪以出血性败血症和浆膜炎为主,血液凝固不良,耳、腹下及四肢末端皮肤有紫斑,黏膜、浆膜、皮下出血,鼻黏膜充血及出血,喉头、气管黏膜出血呈紫红,有大量泡沫;肺充血肿胀,全身淋巴结有不同程度的充血、出血、肿大,有的切面坏死或化脓;心包及胸腹腔积液,浑浊,含有絮状纤维素,附着于脏器,与脏器相连,脾肿大。

②脑膜脑炎型:病猪脑膜充血、出血,严重者溢血,部分脑膜下有积液。脑切面有针尖大的出血点,并有败血型病变。

③慢性关节炎型:病猪关节皮下有胶样水肿,关节囊内有黄色胶胨样或纤维素脓性渗出物,关节滑膜面粗糙。

防治方法

一旦发病,全群猪都要在饲料中添加敏感药物,预防继续传播,造成更大的损失。有条件要做药敏试验,选择敏感药物治疗。用大剂量青霉素,氨苄青霉素,先锋Ⅳ、Ⅴ、Ⅵ,小诺霉素和磺胺嘧啶,磺胺六甲氧,磺胺五甲氧对早期治疗有一定的疗效。

猪场建筑要科学合理,空气流通。要做好猪舍卫生和消毒工作。目前已有商品猪链球菌疫苗,必要时可用。但由于链球菌血清多,疫苗效果不理想,如能分离自家菌苗,效果最佳。

25.狂犬病

狂犬病是由狂犬病病毒引起的人兽共患的急性、接触性传染病。病畜表现为兴奋,狂暴不安和意识有障碍,最终麻痹死亡。

诊断要点

(1)流行病学 人、各种畜禽、野生动物对本病都有易感性。传染源是病畜和带毒动物,可通过咬伤或皮肤黏膜破损感染,也可通过呼吸道、消化道和胎盘感染;常由疯狗咬伤引起,多呈散发;伤口越靠近头部,发病率越高;春、夏比秋季发病多。

(2)临诊症状 病畜兴奋不安,横冲直撞,攻击人畜;叫声嘶哑,咬牙、流涎;在发作间歇期,常隐藏在垫草中,听到轻微刺激或声响即可窜出,无目的地乱跑,最后发生麻痹,2~4天后死亡。

防治方法

控制和消灭狂犬病病犬,是预防人类和猪等家畜被传染的最有效措施。另外还包括对家犬进行大规模免疫接种和消灭野犬。有关政府部门要制定和施行养犬的管理办法。

发现猪被狂犬病病犬咬伤后,要立即处理伤口,贵重种猪注射狂犬病疫苗和免疫血清。病猪立即扑杀,禁止出售和食用,必须烧毁或深埋。

26.猪传染性胸膜肺炎

猪传染性胸膜肺炎是由胸膜肺炎放线杆菌引起的猪的呼吸道传染病。临诊上以胸膜肺炎为特征,急性病例死亡率较高,慢性病例常可抗过。本病是我国近几年才确诊的一种新病,在某些地区发生,造成了一定的损失。猪传染性胸膜肺炎又称为"猪胸膜肺炎放线杆菌病",是由胸膜肺炎放线杆菌所引起的危害集约化猪场的呼吸道疾病之一,以胸膜炎和肺炎症状为特征。

本病在1957年由Pattison等首次报道,现已在全世界很多国家广泛流行,已成为国际公认的危害现代养猪业的重要传染病之一。我国自1990年正式确认本病的存在,猪传染性胸膜肺炎在我国规模化养猪场的发病率日益增高,2000年以来,广东、广西、江苏、浙江、湖南、湖北、重庆、海南、山东、辽宁、吉林等省(市、区)先后报道了本病,可见本病已在我国广泛存在。

猪传染性胸膜肺炎是一种分布广泛的世界性疾病。据报道,美国、加拿大、墨西哥、丹麦、瑞士、澳大利亚、韩国、日本、泰国等国家都曾先后暴发过本病。北美地区的流行血清型为1、5、7型;欧洲多为2、3、9型;在亚洲,日本多见2、5型,韩国则为2、4、5、7型。我国养猪场中存在的血清型较多,已知的有2、3、4、5、7、8、9、10型,其中以3型和7型为最多;台湾地区主要为1型和5型。

诊断要点

(1)流行病学 胸膜肺炎放线杆菌为革兰氏阴性、两极着色的小球状杆菌,目前已有12个血清型,我国主要是2,3,4,5,7型,以7型为主。

病猪和带菌猪是本病的传染来源,由于购买种猪将带菌猪或慢性感染猪混入猪群,通过飞沫或直接接触而传播;各种年龄的猪均易感染,但以3月龄猪最易感;急性型发病率很高,为80%～100%,病死率为0.4%～100%;饲养管理、卫生条件和恶劣气候明显影响发病和死亡的高低；以冬季和春季发病率较高。

(2)临诊症状

①最急性型：猪突然发病，体温升至41.5℃以上，精神沉郁，食欲废绝，腹泻；后期呼吸高度困难，常呈犬坐姿势，张口伸舌，从口鼻流出血色带泡沫的分泌物，心跳加快，口、鼻、耳四肢皮肤呈暗紫色，在48小时内死亡，个别猪见不到明显症状即死亡；病死率达80%～100%。

②急性型：较多的猪发病，体温为40.5～41℃，不食，咳嗽，呼吸困难，心跳加快，受饲管条件和气候影响，病程长短不定，可转为亚急性或慢性。

③亚急性或慢性型：体温不高，全身症状不明显，只见间歇性咳嗽，生长迟缓，有的呈隐性感染。

(3)病理变化 主要是肺炎和胸膜炎。病死猪气管和支气管内有大量血色液体和纤维素，黏膜水肿、出血和增厚；肺脏充血、肿大、出血、水肿和肝变，病程长者有大小不等的坏死灶和脓肿；胸腔积液，胸膜表面覆有纤维素，病程较久者，常与胸膜发生粘连。

防治方法

早期及时治疗时选用卡那霉素、新霉素、泰乐菌素等用于注射，若在饲料和饮水中添加，效果可能更好。注意要有耐药菌株的出现时，要及时更换药物或联合用药；慢性型治疗效果不佳。

防止由外购入慢性、隐性猪和带菌猪，一旦传入健康猪群，特别是种猪群，则难以从猪群中清除。引入新猪前，要了解疫情，不可从可疑猪场引猪；引入后须进行隔离并进行血清学检查，确为阴性猪方可混群饲养。

感染猪群，可用血清学方法检查，清除隐性和带菌猪，重建健康猪群。

感染猪群进行药物防治和淘汰病猪的方法也是值得推荐的。

27.猪流行性感冒

猪流行性感冒是由猪流行性感冒病毒引起的急性呼吸道传染病。本病发生突然,病猪体温升高,全群先后感染发病,出现咳嗽和呼吸道症状;常与猪嗜血杆菌或巴氏杆菌混合感染,加重病情。

图 2-13　病死猪肺充血、肺出血、塌陷

诊断要点

(1)流行病学　病畜和病人是主要传染源,病原从呼吸道排出,通过飞沫直接传播;本病在一定条件下,可在不同动物间传播。已证实猪流感病毒多次引起人类流感,人的甲型流感能自然感染猪和其他动物,我国曾从猪分离出甲型病毒,1981 年我国首次从猪群中分离出丙型流感病毒,其性状与人的丙型流感病毒相似。本病传播快速,流行面广,发病率高,死亡率低;多在秋末至春初季节发生。

(2)临诊症状　潜伏期短,突然发病,很快传遍全群,这是猪流感的特点;病猪体温升至 40.5~41.5℃,精神沉郁,食欲减少或废绝,咳嗽,呼吸加快,呈明显的腹式呼吸,眼、鼻流出分泌物;触摸肌肉有疼痛感;病程短,3~7 天可恢复,死亡率一般在 4%以下。

(3)病理变化　病死猪鼻、气管、支气管黏膜充血、肿胀,被覆黏液;病情稍重病例,出现肺充血、肺出血、塌陷(见图 2-13),或出现支气管肺炎和胸膜炎;胃肠卡他性炎症;肺部和纵隔淋巴结肿大、水肿。

防治方法

加强猪群的饲养管理和防疫卫生措施,特别是气候多变的秋冬和早春季节,要加强猪舍的防寒保温、清洁干燥工作。

发病后,无特异的治疗方法,主要是对症治疗和加强群体的护理,改善饲养管理条件,必要时,应用抗生素和磺胺药物,防止继发感染;中药疗法也是可考虑的方法。

28.猪繁殖与呼吸综合征

猪繁殖与呼吸综合征是由猪繁殖与呼吸综合征病毒引起的猪的繁殖障碍和呼吸系统的传染病。其特征为厌食、发热,怀孕后期发生流产、死胎和木乃伊胎;幼龄仔猪发生呼吸系统疾病和大量死亡,又称"猪蓝耳病",常与其他疾病混合感染,导致高发病率和高死亡率,现已经成为严重危害养猪业的主要疫病之一。

诊断要点

(1)流行病学 本病只感染猪,各年龄和品种的猪均易感染,但主要侵害繁殖母猪和仔猪,肥育猪发病温和。病猪和带毒猪是本病的主要传染源。本病传播迅速,主要经呼吸道感染,也可垂直传播。饲养密度过大,饲养管理及卫生条件不良,气候突变等都会引起发病。

图 2-14 病死猪弥漫性间质性肺炎

（2）**临诊症状** 母猪病初精神倦怠、厌食、发热。妊娠后期发生早产、流产、死胎、木乃伊胎及弱仔。仔猪在2～28日龄感染时临诊症状明显，大多数出生仔猪表现为呼吸困难、后肢麻痹、共济失调、打喷嚏、嗜睡，有的仔猪耳紫和躯体末端皮肤发绀。育成猪出现双眼肿胀、结膜炎和腹泻症状，并出现肺炎。公猪感染后表现为咳嗽、喷嚏、精神沉郁、食欲不振、呼吸急促和运动障碍、性欲减弱、精液质量下降、射精量少。

（3）**病理变化** 病死猪弥漫性间质性肺炎（见图2-14），并伴有细胞浸润和卡他性肺炎区。

防治方法

本病目前尚无特效药物，必须彻底消毒，切断传播途径，消除病猪、带毒猪是最根本的办法。

目前国内外均已研制出弱毒疫苗和灭活苗，一般认为弱毒疫苗效果较佳，能保护猪不出现临诊症状，但不能阻止强毒感染，而且存在散毒问题和返强性，因此，多在受污染猪场使用。后备母猪在配种前进行2次免疫，首免在配种前2个月，间隔1个月进行2免。小猪在母源抗体消失前首免，母源抗体消失后进行2免。公猪和妊娠母猪不能接种。弱毒疫苗使用时应注意以下问题：疫苗毒在猪体内能持续数周至数月；接种疫苗猪能散毒感染健康猪；疫苗毒能跨越胎盘导致先天感染；有的毒株保护性抗体产生较慢；有的免疫猪不产生抗体；疫苗毒持续在公猪体内可通过精液散毒；成年母猪接种效果较佳。

29.猪血凝性脑脊髓炎

猪血凝性脑脊髓炎是由血凝性脑脊髓炎病毒引起的急性传染病。主要引起乳猪发病，以呕吐、衰弱及中枢神经系统障碍为特征，病死率高。由于最初发生于捷克斯洛伐克的捷申城，故也称"捷申病"。

诊断要点

(1)流行病学 本病只有猪发生,以乳猪最易感染,成年猪呈隐性感染,但可排毒;病猪和带毒猪是传染来源;通过呼吸道和消化道传染;购进带毒种猪引起易感群中的乳猪发病,其后猪群产生免疫,停止发病,因而出现血清阳性反应者多。

(2)临诊症状

①脑脊髓炎型:多见于2周以下的仔猪,出生4～7天,不食、嗜睡、呕吐、便秘,少数体温升高;病猪四肢发紫、咳嗽、打喷嚏、磨牙,1～3天后大多数出现神经症状,对声响、触摸等刺激过敏,发出尖叫声,或作游泳动作,步样如踩高跷,或犬坐姿势,后肢麻痹,最后痉挛死亡。病程10天以内,死亡率可达100%。

②呕吐衰弱型:主要发生于出生后数天的仔猪,表现为呕吐,病猪不吃奶,怕冷扎堆,口渴和便秘;严重者,嘴浸入水中不能吞饮。体温不高,1～2周死亡,大部分转为慢性,最后多因饥饿死亡。

(3)病理变化 病死猪肉眼变化不明显,脑脊髓炎病例,可见卡他性鼻炎;呕吐衰弱型,可见胃肠炎。

防治方法

主要是防止购入带毒猪。一旦确诊为本病,要及时隔离、消毒,防止蔓延扩大。本病无特异治疗方法。康复母猪可通过初乳中抗体保护后代仔猪。

二、猪的寄生虫病

1.猪囊尾蚴病

猪囊尾蚴病又称"猪囊虫病",是由猪带绦虫的中绦期——猪囊尾蚴寄生于猪的肌肉中引起的疾病,是人畜共患病,严重危害人体健康和养猪业的发展。

(1)病原 猪囊尾蚴,呈椭圆形,是乳白色半透明的囊泡,大如黄豆,(6～10)毫米×5毫米,囊内充满无色透明的囊液,囊壁上有一粒头节,外观似白色石榴籽样(见图 2-15)。

猪带绦虫,虫体扁平带状,前端细后端逐渐变宽,长 2～5 米,共有 700～1000 节片。

虫卵呈圆形或椭圆形,直径 31～34 微米,外层薄且易脱落,胚膜较厚,具辐射状条纹,内含六钩蚴(见图 2-16)。

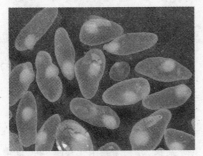

图 2-15　猪囊尾蚴

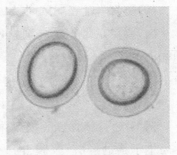

图 2-16　猪带绦虫虫卵

(2)流行病学　本病多发于我国东北、华北和西北地区及云南与广西部分地区,其余地区均为散发。猪的感染是由于吃入了含虫卵的人粪便,而人主要是由于吃入了含猪囊尾蚴的生肉或未煮熟的肉而感染。

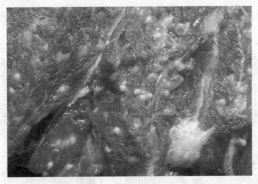

图 2-17　猪囊尾蚴寄生的猪肉

(3)临床症状与病变　猪轻度感染无明显症状,严重感染可导致营养不良、贫血、水肿、衰竭。某个器官严重感染时可能出现相应的症状，如寄生于脑部时，出现癫痫症状；寄生于眼部时，出现眼球活动迟钝，眼神呆滞，视力减退甚至失明；寄生于肌肉时，出现运动障碍，跛行等。重症病猪，呈哑铃形体型。

（4）**诊断**　猪囊尾蚴的生前诊断较困难，宰后在肌肉中发现猪囊虫是主要的诊断方法（见图 2-17）。

（5）**防治**　吡喹酮按剂量 30～60 毫克/千克体重，服药 3 天，每天 1 次；或复方吡喹酮，按剂量 80 毫克/千克体重，一次肌肉注射；也可用丙硫咪唑防治。

2.猪细颈囊尾蚴病

猪细颈囊尾蚴是寄生于犬科动物小肠的泡状带绦虫的中绦期，因寄生于猪的肝脏、浆膜、网膜和肠系膜等处而引起的一种绦虫蚴病。

（1）**病原**　细颈囊尾蚴呈乳白色，囊泡状，囊内充满透明的囊液，俗称"水铃铛"，有"豌豆"至"小儿头"大小，囊壁上有一个向内生长而具有细长颈部的头节，脏器中有囊体，体外有一层由宿主组织反应产生的厚膜包围，不透明（见图 2-18）。

泡状带绦虫呈乳白色或稍带黄色，扁平带状，由 250～300 个节片组成，体长 1.5～2.0 米。

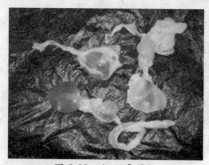

图 2-18　细颈囊尾蚴

图 2-19　细颈囊尾蚴寄生的肝脏

(2)**流行病学** 泡状带绦虫的孕节随犬粪排出体外,破裂后散出虫卵,猪采食被虫卵污染的饲料、青草、饮水而被感染,六钩蚴逸出后侵入肠壁血管,随血流至寄生部位而发育成囊尾蚴。

(3)**临床症状与病变** 本病多呈慢性经过,主要危害幼龄动物,仔猪可出现体温升高、虚弱、消瘦和生长发育受阻等症状,因急性出血性肝炎和腹膜炎而死亡。剖检可见肝脏肿大,肝表面有很多小结节和小出血点,肝实质中有虫道,虫道内和腹腔中有大量虫体。

(4)**诊断** 生前诊断较困难,剖检后才能发现细颈囊尾蚴,再结合病变和临床症状来确诊(见图 2-19)。

(5)**防治** 吡喹酮,丙硫咪唑对本病有一定疗效。禁止将含细颈囊尾蚴的家畜内脏喂犬。防止犬入猪舍,避免饲料、饮水被犬粪污染等。

3.猪蛔虫病

猪蛔虫病是由猪蛔虫寄生于猪的小肠所引起的疾病,多发于仔猪,尤其是在卫生条件不良的养猪场中,感染率很高。感染蛔虫的仔猪生长发育不良,可造成较严重的经济损失。

(1)**病原** 猪蛔虫,大型虫体。虫体呈中间稍粗,两端较细的圆柱形,形似蚯蚓,雌虫长 30~35 厘米,雄虫长 12~15 厘米,雄虫尾部向腹面弯曲,形似鱼钩,雌虫尾部尖而直(见图 2-20)。其虫卵呈黄褐色,短椭圆形,卵壳厚,外层为凹凸不平的蛋白质膜,刚排出的虫卵含有未分裂的圆形卵细胞,卵细胞与卵壳之间形成新月形空隙。

(2)**流行病学** 本病呈全球性分布,在温暖、潮湿的夏季多发。猪感染本病主要是由于采食了被感染性虫卵污染的饲料和饮水,所以经口摄入虫卵是主要的感染途径。本病也可经母猪乳房以及飞扬的尘埃传播,猪场饲养管理不善和卫生条件较差可导致本病的传播流行。

（3）**临床症状与病变**　仔猪感染早期，可引起蛔虫性肝炎和肺炎，病猪体温升高、咳嗽、呼吸急促，剖检可见肝脏出血，后期肝脏表面形成浑浊白色的星状白斑，即"乳斑肝"，肺脏表面点状出血，肺内有大量的蛔虫幼虫（见图 2-21）。

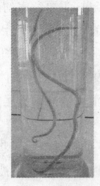

图 2-20　猪蛔虫成虫　　　　　图 2-21　猪蛔虫虫卵

大量成虫寄生时，仔猪表现为食欲不振、腹泻、磨牙、生长缓慢、发育不良。发生肠梗阻时病猪可出现剧烈腹痛。剖检可见肠黏膜卡他性炎症、出血、溃疡等变化。大量的虫体寄生时可导致肠管阻塞，并有部分虫体移行到胆管内，阻塞胆管引起黄疸（见图 2-22、图 2-23）。

图 2-22　猪蛔虫幼虫寄生的肝脏病变　　图 2-23　猪蛔虫寄生的小肠

（4）**诊断**　2 月龄以内的仔猪患蛔虫病时，可在肺脏内发现大量蛔虫幼虫而确诊。感染后期可用饱和盐水漂浮法查获大量特征性的蛔虫卵而确诊。

（5）**防治** 可用左咪唑，按剂量 7.5～8 毫克/千克体重，一次内服或肌肉注射，对幼虫和成虫均有效。也可用阿维菌素，粉剂按 0.3 克/千克体重，注射液按 0.02 毫升/千克体重，内服或皮下注射，仔猪慎用。

4.猪食道口线虫病

猪食道口线虫病是由多种食道口线虫寄生于猪的结肠和盲肠而引起的一种线虫病。由于幼虫能在大肠壁上形成结节，故又称"结节虫"。

（1）**病原** 有齿食道口线虫，小型虫体，乳白色，雄虫长 8～9 毫米，雌虫长 8～11.3 毫米。长尾食道口线虫，灰白色，雄虫长 6.5～8.5毫米，雌虫长 8.2～9.4 毫米。

（2）**流行病学** 随粪便排出的虫卵，在外界发育成为第三期幼虫，具有感染性，猪在采食或饮水时吃进感染性幼虫而感染。集约化养猪场和散养的猪均有发生。

（3）**临床症状与病变** 轻度感染无临床症状，严重感染时表现食欲不振，下痢，粪中带有黏液和脱落的黏膜，贫血，过度消瘦，发育缓慢。剖检表现为大肠壁增厚，有卡他性肠炎，多次感染的猪肠壁出现大量结节（见图 2-24）。

图 2-24 猪食道口线虫寄生的大肠（大肠壁上可见大量结节）

（4）**诊断** 漂浮法查粪便中的虫卵而确诊。

（5）**防治**　可用剂量为 100 毫克/千克体重的敌百虫灌服，或溶水后拌料。也可用剂量为 300～500 毫克/千克体重的硫化二苯胺，口服或混饲料内投药。

5.猪毛首线虫病

猪毛首线虫病是猪毛首线虫寄生于猪的大肠（主要是盲肠）引起的，主要危害仔猪，严重感染时，可引起仔猪死亡。

（1）**病原**　虫体乳白色，雄虫长 20～52 毫米，雌虫长 39～53 毫米，呈鞭状，前部细，像鞭梢，后部粗，像鞭杆，故又称"鞭虫"。虫卵大小为（52～61）微米×（27～30）微米，卵壳光滑，两端有卵塞，呈腰鼓状（见图 2-25）。

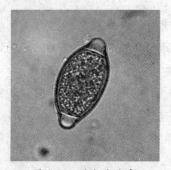 

图 2-25　猪鞭虫虫卵　　　　图 2-26　猪鞭虫寄生的大肠

（2）**流行病学**　猪由于吞食感染性虫卵而感染，感染后 30～40 天虫卵发育为成虫。寄生较多时，一个半月的猪即可检出虫卵，4 个月的猪，虫卵数和感染率均急剧增高，以后渐减少，14 月龄的猪极少感染。一年四季均可发生感染，但夏季感染率最高。

（3）**临床症状与病变**　轻度感染时，有间歇性腹泻，轻度贫血，影响猪的生长发育。严重感染时，食欲减退，消瘦，贫血，腹泻；死前数日，排水样血色便，并有黏液。剖检可见盲结肠呈慢性卡他性炎症，肠壁有大量鞭虫寄生（图 2-26）。

（4）**诊断**　用饱和盐水漂浮法粪检发现大量虫卵或剖检时检出

大量虫体和相应病变即可确诊。

(5)**防治** 羟嘧啶为本病的特效药,剂量为 2～4 毫克/千克体重,溶水灌服,严禁注射用。还可应用敌百虫、亚砜咪唑等药物。

6.猪疥螨病

猪疥螨病是由猪疥螨寄生于猪的皮肤内所引起的慢性外寄生虫病,以寄生部位皮肤出现红点、结节、脓包、结痂等为特征。

(1)**病原** 猪疥螨,圆形,浅黄白色或灰白色,背面隆起,腹面扁平,有 4 对短粗呈圆锥状的足,雌虫为(0.33～0.45)毫米×(0.25～0.35)毫米,雄虫为(0.20～0.23)毫米×(0.14～0.19)毫米,虫卵呈椭圆形,大小平均为 100×150 微米。

(2)**流行病学** 本病各地都有发生,冬季和初春多见,主要通过健畜与病畜直接接触传播,也可通过被螨及其卵污染的猪舍、用具以及饲养员或兽医人员的衣服、手等间接接触引起感染。潮湿、阴暗、拥挤的笼舍,饲养管理差和卫生条件不良,是本病蔓延的重要原因。

图 2-27 猪疥螨寄生耳部病变

图 2-28 猪疥螨寄生

(3)**临床症状与病变** 仔猪多发此病,最初从头部的眼周、颊部和耳根开始发病,后逐渐蔓延至背部、体侧和后肢内侧。患部巨痒,常因摩擦而出现被毛脱落,渗出液增加,干后形成石灰色痂皮,皮肤增厚并出现皱褶或龟裂(见图 2-27、图 2-28)。

(4)**诊断** 根据本病临床症状、发病季节等可作出初步诊断,在病变与健康交界部位取皮屑,进行镜检发现虫体可确诊。

(5)**防治** 猪舍要宽敞、透光、干燥、通风良好,饲养密度不可过大,并经常清扫,定期消毒。也可在洗刷患部后,用敌百虫、双甲脒、溴氰菊酯类农药等涂抹。

7.猪球虫病

猪球虫病是由多种球虫寄生于猪的小肠中所引起的常见多发的寄生性原虫病。感染时病猪表现为腹泻、食欲减退和体重下降等临床症状,严重者可导致死亡。

(1)**病原** 病原为等孢属和艾美尔属的多种球虫,目前公认的有11种,其中引起哺乳仔猪和断奶后球虫病的主要病原为猪等孢属球虫,而艾美尔属球虫对猪致病力较弱。

(2)**流行病学** 猪球虫病呈世界性分布,在集约化和散养的猪群中均广泛流行。主要危害幼龄猪,猪日龄越小,其易感性越高,成年猪则多带虫,主要为本病的传染源。猪由于吃入在外界环境中孢子化的卵囊而感染。猪场卫生条件不良有利于本病的传播。

图 2-29 猪球虫感染猪排出的黄色粪便　　图 2-30 猪球虫感染造成的卡他性肠炎

(3)**临床症状与病变** 仔猪发生球虫病时,精神不振,食欲减退,喜卧,常弓背站立,步态不稳,被毛粗乱,无光泽,多数均在感染后2～3天开始出现稀粪,软粪,粪便多呈灰或黄白色(见图 2-29),其后为水样下痢(见图 2-30),粪便恶臭,因脱水而致眼窝下陷,皮肤呈灰白,弹性降低,消瘦,生长缓慢,发育受阻,严重感染时可因脱水和衰弱而死亡,病愈存活的猪,仍然表现为生长速度减慢,发育增重减缓。

(4)**诊断** 根据流行病学资料及临床症状作出初步诊断,采用漂浮法在粪便中查获大量球虫卵囊或在小肠黏膜中观察到不同发育阶段的虫体而确诊。

(5)**防治** 三嗪酮悬液按 20 毫克/千克体重口服,或每头仔猪 1 毫升剂量在 3～5 日龄时口服一次,对仔猪球虫病有较好的治疗作用和预防效果。磺胺类药物也可用于防治猪球虫病。

8.猪弓形虫病

猪弓形虫病是由刚第弓形虫引起的一种人畜共患原虫病,表现为发热、呼吸困难、腹泻、皮肤出现红斑,怀孕母猪可能流产、死胎或产弱仔猪等症状。

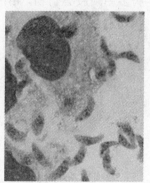

图 2-31 猪弓形虫速殖子

(1)**病原** 滋养体,又称"速殖子",呈香蕉形或弓形,大小为(4～7)微米×(2～4)微米,一端稍尖,一端钝圆,中央有核靠钝圆端。用姬氏染色法染色后,胞浆呈淡蓝色,核呈深紫色(见图 2-31)。速殖子主要出现在急性病例或早期感染的腹水里和有核细胞的胞浆里。

(2)**流行病学** 本病呈世界性分布,猫是本病的主要传播者和重要的传染源,猪、羊、牛等多种动物及人均可感染。滋养体可以通过口、鼻、咽、呼吸道、消化道及损伤的皮肤侵入宿主体内。本病多发生于断奶前后的仔猪，一年四季均可发生。气候骤变后受寒、营养不良、怀孕等都是发病诱因。

(3)临床症状与病变　本病症状与猪瘟类似，病初体温升高至41～42℃，呈稽留热型，病猪精神沉郁，食欲减退，常便秘，有的后期下痢。头、耳、下腹部有淤血斑或发绀，呼吸快而困难，如犬坐状张口呼吸。怀孕母猪常流产。剖检可见全身性病变，淋巴结、肝、肺和心脏等器官肿大，并有许多出血点和坏死灶。肠道重度出血，肠黏膜上常可见到扁豆大小的坏死灶。肠腔和腹腔内有大量的渗出液。

(4)诊断　结合流行病学特点、临床症状作出初步诊断，如要确诊需查病原或特异性抗体。可取肺、肝等组织做脏器触片，姬姆萨氏染色后镜检有无滋养体，也可用间接血凝、ELISA 等检测抗体。

(5)防治　防治本病多用磺胺类药物，如用磺胺-5-甲氧嘧啶、磺胺-6-甲氧嘧啶进行治疗有较好的效果。

第三章
牛的疫病

一、牛的传染病

1.牛瘟

牛瘟又称"烂肠瘟"、"胆胀瘟",是由牛瘟病毒引起牛、水牛等偶蹄兽的一种急性、高度接触性传染病。其临诊特征为体温升高、病程短,黏膜特别是消化道黏膜发炎、出血、糜烂和坏死。

(1)流行病学 牛瘟主要侵害牛和水牛,易感性随着牛的品种、年龄等有差异,牦牛的易感性最大,犏牛次之,黄牛又次之;绵羊、山羊和猪仅有轻度感染,病死率不高。

本病无明显的季节性,在老疫区呈地方流行性,在新疫区通常呈暴发式流行,发病率和病死率都相当高。本病通过直接或间接接触传播,病畜和带毒畜是本病的主要传染源,经消化道、呼吸道、眼结膜、子宫感染,通过吸血昆虫以及接触病牛的人员等传播。

(2)临床症状 潜伏期为3~9天,多为4~6天,病程一般7~10天,病重的4~7天,甚至2~3天死亡。病牛体温升高到41~42℃,持续3~5天。病牛委顿、厌食、便秘,呼吸和脉搏加快。流泪,眼睑肿胀,鼻黏膜充血,有黏性鼻汁。口腔黏膜充血、流涎。上下唇、齿龈、软硬腭、舌、咽喉等部形成伪膜或烂斑。由于肠道黏膜出现炎性变化,所以发生下痢,并混有血液、黏液、黏膜片、伪膜等,带有恶臭。尿少,色黄红或暗红。孕牛常有流产,病牛迅速消瘦,两眼深陷,卧地不起,衰竭而死。

(3)**病理变化** 消化道黏膜都有炎症和坏死变化,特别是皱胃幽门附近最明显,可见到灰白色上皮坏死斑、伪膜、烂斑等。小肠,特别是十二指肠黏膜充血、潮红、肿胀、点状出血和烂斑;盲肠、直肠黏膜严重出血、伪膜和糜烂;呼吸道黏膜潮红、肿胀、出血;鼻腔、喉头和气管黏膜覆有假膜,其下有烂斑,或覆以黏脓性渗出物。

(4)**防治** 预防本病必须严格执行检疫措施,不从有牛瘟的国家和地区引进动物和鲜肉。当发现牛瘟病例时,立刻封锁疫区,扑杀病畜,并作无害化处理,对污染的环境彻底消毒。同时,在疫区和邻近受威胁区用疫苗进行预防接种,建立免疫防护带。我国曾经使用过的疫苗有:牛瘟兔化弱毒疫苗、牛瘟山羊化兔化弱毒疫苗、牛瘟绵羊化兔化弱毒疫苗等。

2.牛流行热

牛流行热又称"三日热"或"暂时热",是由牛流行热病毒引起牛的一种急性、热性传染病。临诊特征为突发高热、流泪、有泡沫样流涎,鼻漏,呼吸迫促,后躯僵硬、跛行,一般呈良性经过,发病率高,病死率低。对乳牛的产乳量有明显的影响,且部分病牛常因瘫痪而被淘汰,给生产带来了相当大的经济损失。

(1)**流行病学** 本病主要侵害奶牛和黄牛,水牛较少感染。以3~5岁牛多发,1~2岁及6~8岁牛次之,犊牛及9岁以上牛少发。6月龄以下的犊牛不显临床症状,肥胖的牛病情严重,母牛发病率高于公牛,产奶量高的母牛发病率高。本病呈周期性流行,近来流行周期为6~8年或3~5年,有的地区2年为一次小流行,4年为一次大流行。本病具有季节性,夏末秋初,多雨潮湿、高温季节多发,其他季节较低。流行方式为跳跃式蔓延,即以疫区和非疫区相嵌的形式流行。

本病传染力强,传播迅速,短期内可使很多牛发病。病牛是本病的主要传染源。吸血昆虫(蚊、蠓、蝇)叮咬病牛后,再叮咬易感健康牛而传播,疫情的发生与吸血昆虫的出没有关,多在蚊蝇孳生的8~10月份发生。

(2)临床症状　潜伏期为3~7天。按临诊表现可分为呼吸型、胃肠型和瘫痪型三种类型。

①呼吸型:分为最急性型和急性型两种。

a.最急性型:病初高热,体温达41℃以上,病牛眼结膜潮红、流泪,其他无异常表现。然后突然不食,呆立,呼吸急促。不久即大量流涎,口角出现多量泡沫状黏液,头颈伸直,张口伸舌,呼吸极度困难,喘气声粗砺如拉风箱,病牛常于发病后2~5小时死亡,少数于发病后12~36小时死亡。

b.急性型:病牛食欲减少或废绝,体温升至40~41℃,皮温不整,流泪、畏光,结膜充血,眼睑水肿,呼吸急促,张口呼吸,口腔发炎,流线状鼻液和口水。精神不振,发出"吭吭"呻吟声。病程3~4天,此型病牛如及时治疗可治愈。

②胃肠型:病牛眼结膜潮红,流泪,口腔流涎及鼻流浆液性鼻液,腹式呼吸,肌肉颤抖,不食,精神萎靡,体温40℃左右。粪便干硬,呈黄褐色,有时混有黏液,胃肠蠕动减弱,瘤胃停滞,反刍停止。还有少数病牛表现腹泻、腹痛等临床症状。病程3~4天,此型牛如及时治疗则可治愈。

③瘫痪型:多数体温不高,四肢关节肿胀,疼痛,卧地不起,食欲减退,肌肉颤抖,皮温不整,精神萎靡,站立则四肢特别是后躯表现僵硬,不愿移动。

本病死亡率一般不超过1%,但有些牛因跛行,瘫痪而被淘汰。

(3)病理变化　急性死亡的自然病例,咽、喉黏膜呈点状或弥漫性出血,有明显的肺间质性气肿,多在尖叶、心叶及膈叶前缘,肺高度膨隆,间质增宽,内有气泡,压迫肺呈捻发音。还有一些牛可有肺充血与肺水肿。肺水肿病例胸腔内积有大量暗紫红色液,两侧肺肿胀,间质宽,内有胶陈样浸润,肺切面流出大量暗紫红色液体,气管内积有大量的泡沫状黏液。心内膜、心肌乳头部呈条状或点状出血,心肌质地柔软、色淡,肝轻度肿大,脆弱,肾轻度肿胀。肩、肘、腘、跗关节肿大,关节液增多,呈浆液性。关节液中混有块状纤维素。全身淋巴结充血、肿胀和出血,特别是肩前淋巴结、腘淋巴结、肝淋巴结等肿大,切面多汁呈急性淋巴结炎变化,有的淋巴结呈点状或边缘出血,皮质部有小灶状坏死,髓质区小动脉内皮细胞肿大、增生。实质器官浑浊肿胀。真胃、小肠和盲肠呈卡他性炎症和渗出性出血。

(4)防治 本病尚无特效药物。多采取对症治疗,减轻病情,提高机体抗病力。病初可根据具体情况进行退热、强心、利尿、整肠健胃、镇静,若停食时间长可适当补充生理盐水及葡萄糖溶液。用抗菌药物防止并发症和继发感染。呼吸困难者应及时输氧,也可用中药辨证施治。治疗时,切忌灌药,因病牛咽肌麻痹,药物易流入气管和肺里,引起异物性肺炎。经验证明,早发现、早隔离、早治疗,合理用药,大量输液,护理得当,是治疗本病的重要原则。以下对各型临诊治疗的措施可供参考。

①呼吸型:肌注安乃近、氨基比林、喘气 100 等药物,以尽快退热及缓解病牛呼吸困难,防止肺部受损严重。也可用未开封的 3％双氧水 50～80 毫升,按 1∶10 的比例用 5％葡萄糖氯化钠注射液 1000 毫升稀释,缓慢静脉注射,达到输氧的目的。同时静脉注射 5％葡萄糖 1000 毫升,生理盐水 1000 毫升,青霉素 400 万单位,链霉素 200 万单位,10％安钠咖 40 毫升,维生素 C 8 克,维生素 B_1 1.5 克。如效果不明显可反复补液,利于排毒降温。另外,也可肌肉注射病毒灵、硫酸卡那霉素等。

②胃肠型:针对不同临床症状用安钠加、龙胆酊、陈皮酊、姜酊、硫酸镁等药物进行治疗,一般经 1～5 天可痊愈。

③瘫痪型:静脉注射生理盐水 1000 毫升,10％葡萄糖酸钙 500

毫升,5％葡萄糖注射液 1000 毫升,10％安钠咖 40 毫升,维生素 C 10 克,维生素 B₁1.5 克。也可用氢化可的松、醋酸泼尼松、水杨酸钠等药物进行治疗,同时加强护理,否则病牛将因病程长无法恢复而被淘汰。

自然病例恢复后可获得 2 年以上的坚强免疫力,而人工免疫不能达到如此效果。由于本病发生有明显的季节性,因此在流行季节到来之前及时进行免疫接种,可取得一定预防效果。根据本病的流行规律,应做好疫情监测和预防工作。在本病的常发区,除做好人工免疫接种外,还必须注意环境卫生,清理牛舍周围的杂草污物,加强消毒,扑灭蚊、蠓等吸血昆虫,每个星期用杀虫剂喷洒 1 次,切断本病的传播途径。注意牛舍的通风,对牛群要防晒防暑,饲喂适口饲料,减少外界各种应激因素。发生本病时,要对病牛及时隔离、治疗,对假定健康牛及受威胁牛群可采用高免血清进行紧急预防接种。

3.牛病毒性腹泻/黏膜病

牛病毒性腹泻/黏膜病是由牛病毒性腹泻病毒引起的,主要发生于牛的急性、热性传染病,其临诊特征为黏膜发炎、糜烂、坏死和腹泻。本病简称"牛病毒性腹泻"或"牛的黏膜病",多为隐性发病,不分品种、性别、年龄,高发于 6～8 月犊牛。

(1)流行病学　本病可感染黄牛、水牛、牦牛、绵羊、山羊、猪、鹿及小袋鼠,家兔可实验感染。各种年龄的牛对本病毒均易感,以 6～18 月龄者居多。患病动物和带毒动物是本病的主要传染源。患病动物的分泌物和排泄物中含有病毒。绵羊多为隐性感染,但妊娠绵羊常发生流产或产出先天性畸形羔羊,这种羔羊也可成为传染源。康复牛可带毒 6 个月。直接或间接接触均可传染本病,主要通过消化道和呼吸道感染,也可通过胎盘感染。

本病呈地方流行性,常年均可发生,但多见于冬末和春季。新疫区急性病例多,不论是放牧牛还是舍饲牛,大或小均可感染发病,发病率通常不高,约为 5%,其病死率为 90%～100%;老疫区则急性病例很少,发病率和病死率很低,而隐性感染率在 50% 以上。本病也常见于肉用牛群中,关闭饲养的牛群发病时往往呈暴发式。

(2)临床症状 潜伏期 7～14 天,人工感染 2～3 天。临诊表现有急性和慢性两种类型。

急性者突然发病,体温升至 40～42℃,持续 4～7 天,有的可发生第二次体温升高。病畜精神沉郁,厌食,鼻、眼有浆液性分泌物,2～3 天内可能有鼻镜及口腔黏膜表面糜烂,舌面上皮坏死,流涎增多,呼气恶臭。通常在口腔被损害之后常发生严重腹泻,腹泻稀薄如水、混有黏膜和血液,味恶臭。有些病牛常有蹄叶炎及趾间皮肤糜烂坏死,从而导致跛行。急性病例恢复的少见,通常死于发病后 1～2 周,少数病程可拖延一个月。

慢性病牛很少有明显的发热临床症状,但体温可能高于正常值。最引人注意的临床症状是鼻镜上的糜烂,此种糜烂可在鼻镜上连成一片。眼中常有浆液性的分泌物。在口腔内很少有糜烂,但门齿齿龈通常发红。由于蹄叶炎及趾间皮肤糜烂坏死而导致的跛行是最明显的临床症状。通常皮肤成为皮屑状,在鬐甲、颈部及耳后最明显。大多数病牛死于 2～6 个月,也有些可拖延到 1 年以上。

妊娠母牛感染本病可诱发流产、木乃伊胎或畸形胎,还能诱发卵巢炎、不孕。最常见的缺陷是小脑发育不全。病犊可能只呈现轻度共济失调或完全缺乏协调和站立的能力,有的可能盲目。

(3)病理变化 病理变化主要在消化道和淋巴组织。鼻镜、鼻孔黏膜、齿龈、上腭、舌面两侧及颊部黏膜有糜烂及浅溃疡。严重病例在咽喉头黏膜有溃疡及弥散性坏死。特征性损害是食道黏膜糜烂,呈大小不等的形状与直线排列。瘤胃黏膜偶见出血和糜烂,皱胃炎性水肿和糜烂。肠壁因水肿增厚,肠淋巴结肿大,小肠急性卡他性炎症,空肠、回肠较为严重,盲肠、结肠、直肠有卡他性、出血性、溃疡性以及坏死性等不同程度的炎症。在流产胎儿的口腔、食道、真胃及气管内可能有出血斑及溃疡。运动失调的新生犊牛,有严重的小脑发育不全及两侧脑室积水。蹄部的损害是在趾间皮肤及全蹄冠有急性糜烂性炎症以致发展为溃疡及坏死。

(4)**防治**　本病尚无有效的疗法。应用收敛剂和补液疗法可缩短恢复期,减少损失。用抗生素和磺胺类药物,可减少继发性细菌感染。平时预防要加强口岸检疫,防止引入带毒的牛、羊和猪。国内在进行牛只调拨或交易时,要加强检疫,防止本病的扩大。国外主要采用淘汰持续感染动物和疫苗接种,但活疫苗不稳定,且能引起胎儿感染,诱发免疫抑制,灭活苗对妊娠母牛安全,通常需多次免疫。一旦发生本病,对病牛要隔离治疗或急宰。近年来,猪对本病毒的感染率日趋上升,不但增加了猪作为本病传染源的重要性,而且由于本病毒与猪瘟病毒在分类上同为瘟病毒属,有共同的抗原关系,使猪瘟的防治工作变得更加复杂,因此,在本病的防治计划中对猪的检疫也不容忽视。

4.恶性卡他热

恶性卡他热又称"恶性头卡他",是牛的一种致死性的淋巴增生性病毒性传染病,以高热、呼吸道、消化道黏膜的黏脓性坏死性炎症为特征。本病散发于世界各地。来自不同地区的毒株存在抗原型差异,因此认为恶性卡他热的病原是一组存在亚型差别的病毒。

(1)**流行病学**　恶性卡他热在自然情况下主要发生于黄牛和水牛,其中1~4岁的牛较易感染,山羊、鹿也易感染,绵羊间或感染。因发病牛均与带毒绵羊有接触史,而健康牛与病牛接触却不发生本病,所以绵羊及非洲角马无临床症状带毒者是本病的传染源,在非洲主要是通过狷羚和角马传播,当在被污染的草原上放牧牛群时可发生恶性卡他热。

本病一年四季均可发生,更多见于冬季和早春,多呈散发,有时呈地方流行性。发病率较低,但病死率高达60%~90%。昆虫传播此病的作用有待进一步证实。

(2)临床症状 本病潜伏期因个体而异，一般 10～60 天。人工感染犊牛 10～30 天。

最初临床症状有高热（41～42℃），肌肉震颤，食欲锐减，瘤胃迟缓，泌乳停止，呼吸及心跳加快，鼻镜干热。最急性病例可能在此期间死亡。普通病牛在第二天后，口、鼻、眼临床症状迅速出现，口腔与鼻腔黏膜充血、坏死及糜烂，口腔中流出带臭味的涎液；鼻腔出现黏稠脓样分泌物，干涸后堵塞鼻腔，引起呼吸困难；典型病例症状是畏光流泪，继而引起角膜炎，多数失明。炎症蔓延到额窦，使头颅上部隆起；炎症扩展到呼吸道深部，可引起细支气管炎和肺炎。有些病牛发生神经临床症状，体表淋巴结肿大，白细胞减少。病牛初便秘，后拉稀，排尿频，有时混有血液和蛋白质。母畜阴唇水肿，阴道黏膜潮红肿胀，怀孕牛可能发生流产。

病程发生至晚期，病牛高度脱水，极度衰竭，一般在 24 小时内死亡。有些于 5～14 天内死亡。病死率很高，恢复的极少。

(3)病理变化 解剖变化依临床症状而定。最急性病例没有或只有轻微变化，可以见到心肌变性，肝脏和肾脏浊肿，脾脏和淋巴结肿大，消化道黏膜特别是真胃黏膜有不同程度的发炎。

头眼型以类白喉性、坏死性变化为主，喉头、气管和支气管黏膜充血，有小出血点，也常覆有假膜。肺充血及水肿，也见有支气管肺炎。

消化道型以消化道黏膜变化为主。口腔黏膜如临床症状中所述。真胃黏膜和肠黏膜有出血性炎症，其中部分形成溃疡。病程较长的，泌尿生殖器官黏膜也呈炎症变化。脾正常或中等肿胀，肝、肾有肿胀，胆囊可能充血、出血，心包和心外膜有小出血点，脑膜充血，有浆液性浸润。

(4)防治 目前本病尚无特效治疗方法。有人曾用皮质类固醇类（如地塞米松静脉注射），抗生素（如苄苯青霉素静脉注射、普鲁卡因青霉素肌肉注射),点眼药(如阿托品溶液、倍他米松新霉素混合液)治疗,具有一定疗效。控制本病最有效的措施是立即将绵羊等反刍动物清除出牛群,不让它与牛接触,同时注意畜舍和用具的消毒。

5. 牛传染性鼻气管炎

牛传染性鼻气管炎,又称"坏死性鼻炎"、"红鼻病",是由牛传染性鼻气管炎病毒引起的牛的接触性传染病,临诊表现为上呼吸道及气管黏膜发炎、呼吸困难、流鼻汁,还可引起生殖道感染、结膜炎、脑膜炎、流产、乳房炎等多种病症。本病的危害性在于病毒侵入牛体后,可潜伏于一定部位,导致持续性感染,病牛长期或终生带毒,给控制和消灭本病带来了极大困难。

(1)流行病学 本病主要感染牛,尤以肉牛较为多见,其次是奶牛。肉用牛群的发病率有时高达75%,其中又以20～60日龄的犊牛最为易感,病死率也最高。据报道本病毒能使山羊、猪和鹿感染发病。

病牛和带毒牛为主要传染源,常通过空气、飞沫、精液和接触传播,病毒也可通过胎盘侵入胎儿引起流产。当存在应激因素时,潜伏于三叉神经节和腰间神经节中的病毒可以活化,并出现于鼻汁与阴道分泌物中,因此隐性带毒牛往往是最危险的传染源。

(2)临床症状 潜伏期一般为4～6天,有时可达20天以上。本病主要有以下几种类型:

①呼吸道型:通常在较冷的月份出现,病情轻重不等。急性病例可侵害整个呼吸道,对消化道的侵害较轻些。病初高热达39.5～42℃,极度沉郁,拒食,有大量黏脓性鼻漏,鼻黏膜高度充血,有浅溃疡,鼻窦及鼻镜因组织高度发炎而称为"红鼻子"。常因渗出物阻塞而呼吸困难。由于发生鼻黏膜的坏死,呼气中常有臭味。呼吸加快,常有深部支气管性咳嗽。有结膜炎及流泪。有时可见带血腹泻。乳牛产乳量大减,之后完全停止,病程如不延长(5～7天)则可恢复产量。重

型病例大多数病程在 10 天以上,严重的数小时即死亡。流行严重时,发病率可达 75％以上,但病死率仅 10％以下。

②生殖道感染型:由配种传染,潜伏期为 1～3 天,母牛和公牛均可感染。病初发热,沉郁,无食欲,尿频,有痛感,产乳量稍降。阴道口发炎充血,阴道底面有不等量黏稠无臭的黏液性分泌物。阴道口黏膜上出现白色小病灶,可发展成脓疱,大量小脓疱使阴户前庭及阴道壁形成广泛的灰色坏死膜,当擦掉或脱落后留有发红的破损表皮,急性期消退时开始愈合,经 10～14 天痊愈。公牛感染后生殖道黏膜充血,轻症 1～2 天后消退,继而恢复;严重的病例发热,包皮、阴茎上出现脓疱,随后包皮肿胀及水肿,尤其有细菌继发感染时更严重,一般出现临床症状后 10～14 天开始恢复。公牛也可不表现临床症状而只带病毒,从精液中可分离出病毒。

③脑膜脑炎型:主要发生于犊牛,体温升高至 40℃以上,病犊共济失调,沉郁,随后兴奋、惊厥,口吐白沫,最终倒地,角弓反张,磨牙,四肢划动,病程短促,最后死亡。

④眼炎型:主要临床症状是结膜角膜炎,表现结膜充血、水肿,并可形成粒状灰色的坏死膜。角膜轻度浑浊,但不出现溃疡。眼、鼻流浆液脓性分泌物,很少引起死亡。

⑤流产型:一般认为是病毒经呼吸道感染后,从血液循环进入胎膜、胎儿所致。胎儿感染为急性过程,7～10 天后以死亡告终,再经 24～48 小时排出体外。

(3)病理变化 呼吸型的病牛呼吸道黏膜高度发炎,有浅溃疡,其上被覆腐臭黏脓性渗出物,包括咽喉、气管及大支气管。可能有成片的化脓性肺炎。呼吸道上皮细胞中有核内包涵体,在病程中期出现。皱胃黏膜常有发炎及溃疡,大小肠可有卡他性肠炎。脑膜脑炎的病灶呈非化脓性脑炎变化。流产胎儿肝、脾有局部坏死,有时皮肤有水肿。非化脓性感觉神经节炎和脑脊髓炎,和黏膜炎症一样,都是本病的主要特征性病理变化。

(4)**防治**　必须实行严格检疫,防止引入传染源和带毒牛。抗体阳性牛实际上就是本病的带毒者,因此具有本病毒抗体的任何动物都应视为危险的传染源,应采取措施对其严格管理。欧洲有的国家(如丹麦和瑞士)对抗体阳性牛采取扑杀政策,扑杀顺序是先种牛群,后肉牛和奶牛,防治效果显著。发生本病时,应采取隔离、封锁、消毒等综合性措施,由于本病尚无特效疗法,病畜应及时隔离,最好予以扑杀或根据具体情况逐渐将其淘汰。

6.牛白血病

牛白血病是由牛白血病毒引起的牛、绵羊等动物的一种慢性肿瘤性疾病,其特征为淋巴细胞恶性增生,进行性恶病质和高病死率。本病又称"地方流行性牛白血病"。我国于 1974 年首次发现本病,以后在许多省区相继发现,对养牛业的发展构成威胁。

(1)**流行病学**　本病主要发生于成年牛,以 4～8 岁的牛最常见。病畜和带毒者是本病的传染源,病毒可长期持续存在牛体中。健康牛群发病,往往是由于引进了感染的牲畜,但一般要经过数年(平均 4 年)才出现肿瘤的病例。本病可水平传播,也可垂直传播,或在分娩后经初乳传给新生犊牛。也在羊身上证明了本病的子宫内垂直传播。

吸血昆虫是传播本病的重要媒介。病毒存在于 B 淋巴细胞内,吸血昆虫吸吮带毒牛血液后,再去蜇刺健康牛就可引起传播。输血也可引起本病毒的传播。被污染的医疗器械(如注射器、针头),也可以传播本病。

(2)**临床症状**　本病有亚临诊型和临诊型两种表现。亚临诊型无瘤的形成,其特点是淋巴细胞增生,可持续多年或终身,对健康情况没有任何扰乱。这样的牲畜有些可进一步发展为临诊型。此时,病牛生长缓慢,体重减轻。体温一般正常,有时略有升高。在体表或经直肠处可摸到某些淋巴结呈一侧或对称性增大。

出现临床症状的牛,通常会死亡,但其病程可因肿瘤病理变化发生的部位、程度不同而异,一般在数周至数月之间。

(3)病理变化 尸体常消瘦、贫血。腮淋巴结、肩前淋巴结、乳房上淋巴结和腰下淋巴结常肿大,被膜紧张,呈均匀灰色,柔软,切面突出。心脏、皱胃、脊髓常发生浸润,心肌浸润常发生于右心房、右心室和心隔,色灰而增厚。循环扰乱导致全身性被动充血和水肿。脊髓被膜外壳里的肿瘤结节,使脊髓受压、变形和萎缩。皱胃壁由于肿瘤浸润而增厚。肾、肝、肌肉、神经干和其他器官亦可受损,但脑的病理变化少见。

(4)防治 根据本病的发生呈慢性持续性感染的特点,防治本病应以严格检疫、淘汰阳性牛为中心,采取包括杀灭、驱除吸血昆虫,定期消毒,杜绝因手术、注射可能引起的交互传染等在内的综合性措施。无病地区严格防止引入病牛和带毒牛;引进新牛必须进行认真的检疫,发现阳性牛立即淘汰。阴性牛也必须隔离3～6个月以上方能混群。疫场每年应进行3～4次临诊、血液和血清学检查,不断剔除阳性牛;对感染不严重的牛群,可借此净化牛群,如感染牛只较多或牛群长期处于感染状态,应全群扑杀。对检出的阳性牛,如暂时不能扑杀,应隔离饲养,控制利用;肉牛可在肥育后屠宰。

7.气肿疽

气肿疽又称"黑腿病",是由气肿疽梭菌引起的反刍动物的一种急性热性传染病。本病主要呈散发或地方性流行。其特征为肌肉丰满部位(如股部、臀部、腰部、肩部、颈部及胸部)发生炎性气性肿胀,按压有捻发音,并伴有跛行。

(1)流行病学 自然情况下气肿疽主要侵害黄牛、水牛,绵羊患病者少见。6个月至3岁的牛易感染,但幼犊或更大年龄者也会发病。肥壮牛比瘦弱牛更易感染。传染源为患病动物,但并不直接传播,主要传递因素是土壤,即芽孢长期生存于土壤中,进而污染饲草或饮水。动物采食后,经口腔和咽喉创伤侵入组织,也可由松弛或微伤的胃肠黏膜侵入血液。绵羊气肿疽则多为创伤感染,即芽孢随着泥土通过产羔、断尾、剪毛、去势等创伤进入组织而感染。草场或放牧地被气肿疽梭菌污染后,此病将会年复一年在易感动物中有规律地重复出现,吸血昆虫的叮咬也可传播。

本病常呈散发或地方流行性,有一定的地区性和季节性。多发生在潮湿的山谷牧场及低湿的沼泽地区,较多病例常见于天气炎热的多雨季节以及洪水泛滥时,夏季昆虫活动猖獗时,也易发生。舍饲牲畜则因饲喂了疫区的饲料而发病。

(2)临床症状 潜伏期3～5天,最短1～2天,最长7～9天,各种动物临诊表现基本相似。

黄牛发病多呈急性经过,病死率可达100%。体温升高到41～42℃,早期出现跛行。相继出现特征性临床症状,即在多肌肉部位发生肿胀,初期热而痛,后中央变冷、无痛。患部皮肤干硬呈暗红色或黑色,有时形成坏疽。触诊有捻发音,叩诊有明显鼓音。切开患部,流出污红色带泡沫酸臭液体。肿胀多发生在腿上部、臀部、腰部、荐部、颈部及胸部。局部淋巴结肿大,触之坚硬。食欲、反刍消失,呼吸困难,脉搏快而弱,最后体温下降或再稍回升,随即死亡。病程1～3天,也有长至10天者。若病灶发生在口腔,腮部肿胀有捻发音,发生在舌部则舌肿大伸出口外,有捻发音。老牛患病,其病势常较轻,中等发热,肿胀也较轻,有时疝痛臌气,有康复可能。

绵羊多创伤感染,感染部位肿胀。非创伤感染病例多与病牛临床症状相似,体温升高、食欲不振、跛行,患部(常为颈和胸部)发生肿胀,触之有捻发声。皮肤呈蓝红色以至黑色,有时有血色浆液渗出(血汗)和表皮脱落。常在1～3天内死亡。

(3)病理变化 尸体表现轻微腐败变化,但因皮下结缔组织气肿及瘤胃臌气而致尸体显著膨胀。因肺脏在濒死期水肿,由鼻孔流出血样泡沫,肛门与阴道口也有血样液体流出。在肌肉丰厚部位(如股、肩、腰等部)有捻发音性肿胀,肿胀可以从患部肌肉扩散至邻近组织,但也有的只限于局部骨骼肌。患部皮肤正常或部分坏死。皮下组织呈红色或金黄色胶样浸润,有的部位有出血或小气泡。肿胀的肌肉潮湿或干燥,呈海绵状有刺激性酪酸样气体,触之有捻发音,切面呈一致污棕色,或有灰红色、淡黄色和黑色条纹,肌纤维束为小气泡胀裂。

胸腹腔有暗红色浆液,心包液暗红并且增多,胸膜、腹膜常有纤维蛋白或胶胨样物质。心脏内外膜有出血斑,心肌变性,色淡而脆。肺小叶间水肿,淋巴结急性肿胀和出血性浆性浸润。脾常无变化或被小气泡所胀大,血呈暗红色。肝切面有大小不等棕色干燥病灶,这种病灶在死后仍继续扩大,由于产气结果,形成多孔的海绵状肝块。

(4)**防治** 采取土地耕种或植树造林等措施,可使气肿疽梭菌污染的草场变为无害。疫苗预防接种是控制本病的有效措施。我国于1950年研制出气肿疽氢氧化铝甲醛灭活苗,皮下注射5毫升,免疫期6个月,犊牛6个月时再加强免疫一次,可获得很好的免疫保护效果。近年来又成功研制出气肿疽—巴氏杆菌病二联干粉疫苗,用时与20%氢氧化铝胶混合后皮下注射1毫升,对两种病的免疫期各为1a。干粉疫苗的保存期长达10年或更长,使用效果好,剂量小,反应轻,使用方便,易于推广。

病畜应立即隔离治疗;受威胁的牛群紧急免疫接种或注射抗气肿疽高免血清;死畜严禁剥皮吃肉,应深埋或焚烧。病畜圈栏、用具以及被污染的环境用3%福尔马林或0.2%的升汞液消毒。粪便、污染的饲料和垫草等均应焚烧销毁。

治疗本病早期可用抗气肿疽高免血清,静脉或腹腔注射,同时使用青霉素等药物,效果较好。局部治疗,可用加有80~100万单位青霉素的0.25%~0.5%普鲁卡因溶液10~20毫升于肿胀部周围分点注射。

8.副结核病

副结核病,也称"副结核性肠炎",是由副结核分枝杆菌引起的牛的慢性传染病,偶见于羊、骆驼、和鹿。患病动物的临诊特征是慢性卡他性肠炎、顽固性腹泻和逐渐消瘦;剖检可见肠黏膜增厚并形成皱襞。

(1)**流行病学** 副结核分枝杆菌主要引起牛(尤其是乳牛)发病,幼年牛最易感染。病牛和隐性感染的牛是传染源,在病畜体内,副结核杆菌主要位于肠绒膜和肠系膜淋巴结。患病家畜和隐性带菌家畜经粪便排出大量病原菌,这些细菌可以存活很长时间(数月),从而污染外界环境。病原菌通过消化道而侵入健康畜体内。在一部分病例中,病原菌可能侵入血液,因而可随乳汁和尿排出体外。当母牛有副结核临床症状时,子宫感染率 50%以上,本病可通过子宫传染给犊牛。实验表明,皮下或静脉接种也可使犊牛感染。

本病的散播比较缓慢,各个病例的出现往往间隔较长的时间。虽然幼年牛对本病最易感,但是在母牛开始怀孕、分娩以及泌乳时,才出现临床症状。高产牛的临床症状比低产牛严重。饲料中缺乏无机盐,也能促使疾病的发展。

(2)**临床症状** 本病的潜伏期很长,可达 6~12 个月,甚至更长。幼年牛感染有时直到 2~5 岁才表现临床症状。主要表现为间断性腹泻,以后变为经常性的顽固拉稀。排泄物稀薄,恶臭,带有气泡、黏液和血液凝块。食欲起初正常,精神也良好,以后食欲有所减退,逐渐消瘦,眼窝下陷,精神不好,经常躺卧。泌乳逐渐减少,最后完全停止。皮肤粗糙,被毛粗乱,下颌及垂皮可见水肿。体温常无变化。尽管病畜消瘦,但仍有性欲。腹泻可暂时停止,排泄物恢复常态,体重有所增加,然后再度发生腹泻。给予多汁青饲料可加剧腹泻临床症状。如腹泻不止,一般经 3~4 个月会因衰竭而死。染疫牛群的死亡率每年高达 10%。

(3)病理变化 尸体消瘦,主要病理变化在消化道和肠系膜淋巴结。消化道的损害常限于空肠、回肠和结肠前段,特别是回肠,其浆膜和肠系膜都有显著水肿,肠黏膜常增厚3~20倍,并发生硬而弯曲的皱襞,黏膜呈黄色或灰黄色,皱襞突起处常呈充血状态,黏膜上面紧附有黏稠而混浊的黏液,但无结节和坏死,也无溃疡;有时肠外表无大变化,但肠壁常增厚。浆膜下淋巴管和肠系膜淋巴管常肿大呈索状,淋巴结肿大变软,切面湿润,上有黄白色病灶,但一般没有干酪样变。肠腔内容物甚少。

(4)防治 由于病牛往往在感染后期才出现临床症状,因此药物治疗常无效。预防本病重在加强饲养管理、搞好环境卫生和消毒,特别是对幼牛更应注意给以足够的营养,以增强其抗病力。不要从疫区引进牛,必须引进时,则需进行严格检疫,并隔离、观察,确诊健康后,方可混群。

检出病牛的牛群,在随时做观察和定期进行临诊检查的基础上,要对所有牛,每年做4次(间隔3个月)变态反应和酶联免疫吸附试验检查,阴性牛方准调入牛群或出场。连续3次检疫不再出现阳性的反应牛的牛群,可视为健康牛群。

对应用各种检查方法检出的病牛,在排除类症的前提下,按照不同情况采取不同方法处理,对具有明显临床症状的开放性病牛和细菌学检查阳性的病牛,要及时扑杀,但对妊娠后期的母牛,可在严格隔离不散菌的情况下,待产犊后3天扑杀;对变态反应阳性牛,要集中隔离,分批淘汰,在隔离期间加强临诊检查,有条件时采集直肠刮取物、粪便内的血液或黏液作细菌学检查,发现有明显临床症状和菌检阳性的牛,及时扑杀;对变态反应疑似牛,隔15~30天检疫一次,连续3次呈疑似反应的牛,应酌情处理;变态反应阳性及有明显临床症状的犊牛或菌检阳性母牛所生的犊牛,应急时和母牛分开,人工喂母牛初乳3天单独组群,人工喂以健康牛乳,长至1、3、6个月龄时各做变态反应检查一次,如均为阴性,即可按健康牛处理。在检疫的基础上,加强对环境的消毒,切断本病的传播途径。

病牛污染的牛舍、栏杆、饲槽、用具、绳索和运动场等,要用生石灰、来苏儿、苛性钠、漂白粉、石炭酸等进行喷雾、浸泡或冲洗。粪便应堆积发酵后才能用作肥料。

9.牛肺疫

牛肺疫又称为"传染性胸膜肺炎",是由丝状支原体所致牛的一种高度接触性传染性肺炎。临床特征为浆液性纤维素性肺炎和胸膜炎,多为慢性和隐性传染,发病率和死亡都较高。

(1)**流行病学** 易感动物主要是牦牛、奶牛、黄牛、水牛、犏牛、驯鹿及羚羊。各种牛对本病的易感性,依其品种、生活方式及个体抵抗力不同而有区别,发病率为 $60\%\sim70\%$,病死率为 $30\%\sim50\%$。传染源主要是病牛及带菌牛,病原体随呼吸和呼吸道分泌物排出体外,污染饲料、饮水,经消化道或生殖道传染。饲养管理条件差、畜舍拥挤,可以引起本病发生。

(2)**临床症状** 潜伏期一般 $2\sim4$ 周,最长可达 4 个月。按病情不同分为急性,亚急性和慢性型。急性型体温升高 $40\sim42$℃,呈稽留热,呼吸困难且呈腹式呼吸。不愿卧下,常有带痛的短咳,有时流出浆液性或脓性鼻液。肺部听诊时肺泡音减弱或消失,应听到各音和胸膜摩擦音。病畜反刍,瘤胃弛缓,泌乳量下降,结膜发绀。亚急性型症状比急性型稍轻。慢性型病牛消瘦,消化功能紊乱,咳嗽疼痛,使泌乳量下降,最后窒息死亡。

(3)**病理变化** 特征性病理变化主要在胸腔。典型病例是大理石样肺和浆液纤维素性胸膜肺炎。肺充血呈鲜红色或紫红色,病灶出血水肿。同时期可见到有肝变,呈现红色与灰白色相间的大理石样病变。肺间质水肿、增宽、呈灰白色。胸腔内积有黄色混浊液体。

(4)**防治** 治疗本病可用新肿凡纳明(914)静脉注射。有人用土霉素盐酸盐实验性治疗本病,效果比用"914"好。红霉素、卡那霉素、泰乐菌素等也曾有人使用过。但临诊治愈的牛,可长期带菌从而成为传染源,故还是把病牛淘汰掉为宜。

预防本病应注意自繁自养,不从疫区引进牛只,必须引进时,要进行检疫。做补体结合反应 2 次,证明为阴性者,接种疫苗,经 4 周后启运,到达后隔离观察 3 个月,确证无病后,才可与原有牛群接触。原牛群也应事先接种疫苗。我国研制的牛肺疫兔化弱毒疫苗和牛肺疫兔化绵羊化弱毒疫苗免疫效果确实、可靠,曾在全国各地广泛使用,不仅对消灭曾在我国存在达 80 年之久的牛肺疫起到了重要作用,而且对许多国家消灭本病也发挥了作用。

10. 牛传染性脑膜脑炎

牛传染性脑膜脑炎又称"牛传染性血栓栓塞性脑膜炎",是牛的急性败血性传染病,临诊上有多种病型,以血栓性脑膜脑炎、呼吸道感染和生殖道疾病较为多见。本病于 1956 年最先在美国科罗拉多州发现,病死率高,给养牛业造成了巨大经济损失。

(1)流行病学 本病主要发生于肥育牛,奶牛、放牧牛也可发病,6 月龄到 2 岁的牛对本病最易感。一般通过呼吸道、生殖道的分泌物或飞沫和尿传染。发病无明显季节性,但多见于秋末、初冬或早春寒冷潮湿的季节。

(2)临床症状 本病的临床症状有多种病型,以呼吸道型、生殖道型和神经型为多见。呼吸道型表现为高热、呼吸困难、咳嗽、流泪、流鼻液、有纤维素性胸膜炎临床症状;生殖道型可引起母牛阴道炎、子宫内膜炎、流产以及空怀期延长、屡配不孕等,感染母牛所产犊牛发育障碍,出生后不久死亡。公牛感染后,一般不引起生殖道疾病,偶可引起精液质量下降而不育;神经型早期表现体温升高,精神极度沉郁,厌食,跛行,关节和腱鞘肿胀;然后麻痹,昏睡,角弓反张和痉挛,常在短期内死亡,有的牛甚至在无症状情况下突然死亡。

(3)病理变化 神经型病例的典型病理变化是脑膜充血,有针尖到拇指大的出血性坏死灶,脑切面有大小不等的出血灶和坏死软化灶,还可见到病牛有心肌炎、耳炎、乳房炎、关节炎等病变。

(4)防治 病牛早期用抗生素和磺胺类药物治疗,效果明显,但如出现神经临床症状,则抗菌药物治疗无效。本病属于自发性感染,应以预防为主。必须加强饲养管理,搞好卫生消毒,减少应激因素;饲料中添加四环素族抗生素可降低发病率,但应注意长期使用易产生抗药性。特异性的免疫预防,可用氢氧化铝灭活菌苗。近年来已证明细菌的 40Ku 外膜蛋白是有效的保护性抗原,可用于制备亚单位疫苗。

二、牛的寄生虫病

1.牛肝片吸虫病

肝片形吸虫,又称"肝蛭病",是由肝片吸虫寄生于牛、羊等反刍动物的肝脏胆管中所引起的一种吸虫病,引起牛羊肝炎、胆管炎,并伴有全身性中毒现象和营养障碍,其对幼畜和绵羊危害比较大。

图 3-1 肝片吸虫成虫

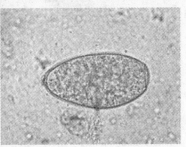
图 3-2 肝片吸虫虫卵

(1)病原 虫体背腹扁平,呈叶片状,新鲜时呈鲜红色,大小为(21～41)毫米×(9～14)毫米(见图 3-2)。虫卵椭圆形,黄褐色,大小为(133～157)毫米×(74～91)微米,前端有一个不明显的卵盖,卵壳较薄而透明,卵内充满着卵黄颗粒和一个胚细胞(见图 3-1)。

（2）**流行病学**　肝片形吸虫多发于我国南方，呈地方性流行。牛、羊多因放牧时饮食含囊蚴的饲草和饮水而经口感染，舍饲动物也可因饲喂了从低洼、潮湿牧地割来的牧草而受到感染。在多雨年份，特别在久旱逢雨的夏秋季常暴发和流行。

（3）**临床症状与病变**　牛感染多呈慢性经过，感染早期不显症状，但随着感染时间的延长，症状也日趋明显。表现为食欲不振或异嗜，下痢，周期性瘤胃膨胀，前胃弛缓，被毛粗乱无光泽，贫血、消瘦，下颌、胸下水肿。母畜不孕或流产，公畜繁殖力降低。急性病例剖检主要表现为急性肝炎（见图 3-3），慢性病例表现为慢性增生性肝炎（见图 3-4）。

图 3-3　急性肝片吸虫造成肝脏出血　　　图 3-4　慢性肝片吸虫肝脏

（4）**诊断**　根据临床症状、流行病学、粪便检查和剖检等进行综合判断。

（5）**防治**　硝氯酚，按 3～4 毫克/千克体重剂量口服，对成虫、幼虫均有效。三氯苯唑（肝蛭净），剂量为黄牛 10～15 毫克/千克体重，水牛 10～12 毫克/千克体重，均一次口服，对成虫和童虫均有杀灭作用。丙硫咪唑，剂量为 20～30 毫克/千克体重，一次口服。

2.牛前后盘吸虫病

牛前后盘吸虫病是由多种前后盘吸虫引起的一种寄生虫病，主要发生于反刍动物的瘤胃和小肠里。成虫致病力不强,但当幼虫在移行过程中寄生在真胃、小肠、胆管及胆囊等部位时,可引起严重的疾病,甚至致牛大批死亡。

(1)**病原** 虫体外形呈圆锥状,腹吸盘发达,位于体后端,与口吸盘对应,所以称"前后盘吸虫",又称"同盘吸虫"。虫卵呈椭圆形,浅灰色,虫卵中散布稀疏的卵黄细胞,大小为(125~132)微米×(70~80)微米(见图 3-5)。

图 3-5 前后盘吸虫成虫　　图 3-6 瘤胃中寄生的前后盘吸虫成虫

(2)**流行病学** 虫体发育过程中需淡水螺作为中间宿主,牛羊由于吃入了含囊蚴的水草和水而经口感染,多发于多雨年份的夏秋季节。

(3)**临床症状与病变** 成虫致病力较弱,即使寄生上万条,临床症状也不明显(见图 3-6)。主要是幼虫在移行期间可引起牛顽固性腹泻,稀粪腥臭,粥样或水样,病牛食欲减退,精神萎靡,消瘦,贫血,颌下水肿,黏膜苍白,最后为恶病质表现,因衰竭而死。幼虫感染时剖检可见小肠、真胃黏膜水肿出血,发生出血性胃肠炎,或者肠黏膜发生坏死和纤维素性炎症,小肠内可能有大量幼虫。

(4)**诊断** 可从粪便中检出虫卵或死后剖检发现大量幼虫作出确诊。

(5)**防治** 参照肝片吸虫病,可用氯硝柳胺和硫双二氯酚等进行治疗。

3. 牛螨病

牛螨病是由疥螨科和痒螨科的螨类寄生于牛的表皮内或体表引起的慢性寄生性皮肤病。以奇痒,湿疹性皮炎,脱毛,结痂等为主要特征。

(1)病原　疥螨,呈龟形,浅黄色,背面隆起,腹面扁平。背面有皱纹、锥突、圆锥形鳞片和刚毛。腹面有 4 对粗短呈圆锥状的足。雌螨长 0.3～0.5 毫米,雄螨较小,长 0.2 毫米左右。

痒螨,体呈长圆形,长为 0.5～0.9 毫米,肉眼可见,体表背面有横纹,足长,尤其是前两对足,呈长圆锥状。雄虫躯体末端有 2 个尾突,上长有数根长毛,腹面后端还有两吸盘。

(2)流行病学　本病的传播主要是通过接触传播,包括病畜与健康家畜的直接接触和通过被螨虫污染的圈舍、用具等间接接触感染。多发生于冬季和秋末春初,夏季较少发病。犊牛最易感染,随着年龄的增长,牛的抗螨免疫性增强。

图 3-7　疥螨寄生的牛面部病变

图 3-8　疥螨寄生的牛背部病变

(3)临床症状与病变　临床主要表现为剧痒、皮炎、脱毛、消瘦等症状。病初多在面部、颈部、背部、尾根等被毛较短的部位发生,病重时,可遍及全身(见图 3-7、图 3-8)。病初,皮肤上出现不规则丘疹样病变,病牛剧痒,常在墙、桩、食槽等物体上磨蹭或用舌添患部。患部脱毛,落屑,渗出物增多,污物、被毛及渗出物等结合在一起形成结痂，痂皮蹭掉后，又重新结痂，导致角质层角化过度，患部皮肤肥厚，失去弹性而形成皱褶，患畜日渐消瘦。

（4）**诊断**　本病可根据临床症状、发病季节作出初步诊断，确诊需在刮取的皮屑中检出虫体。

（5）**防治**　畜舍要宽敞，干燥，透光，通风良好，畜群密度不可过大。经常观察畜群中有无皮肤发痒，掉毛现象，及时发现隔离饲养和治疗。

可涂抹一定浓度的双甲脒水溶液、溴氰菊酯溶液和敌百虫溶液等进行治疗，注意涂药之前要清洗患部，取出痂皮和污物。也可采取颈部皮下注射伊维菌素、阿维菌素注射剂（剂量为0.2毫克/千克体重）的方法，一般一次即可，严重病畜隔7～10天用药一次。

4.牛消化道绦虫病

牛消化道绦虫病是由裸头科的莫尼茨属、曲子宫属和无卵黄腺属的绦虫寄生于牛的小肠内引起的疾病，主要危害犊牛，影响其生长发育，甚至引起死亡。

图 3-9　莫尼茨绦虫成虫

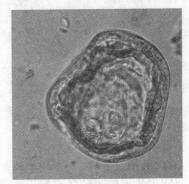

图 3-10　莫尼茨绦虫虫卵

（1）**病原**　主要包括莫尼茨绦虫，曲子宫绦虫和无卵黄腺绦虫，其中以莫尼茨绦虫最为常见（见图3-9）。虫体呈乳白色或黄白色，带状，长1～6米，头节小，近似球形，上有四个吸盘，无顶突和小钩，体节宽而短。虫卵为三角形或四边形,直径为 56～67 微米,卵内的六钩蚴被包围在梨形器内(见图 3-10)。

(2)流行病学　本病全国各地均有发生,以西北、内蒙古和东北的牧区流行最为广泛,主要危害犊牛。本病的感染与地螨的生态特性关系密切。地螨常在黄昏或黎明时出来活动,在这时间放牧,牛吃入含似囊尾蚴的地螨而感染。

(3)临床症状与病变　幼畜感染后可出现症状,其严重程度取决于感染强度。病畜表现为消化不良,腹泻,粪便中含黏液和孕卵节片,或孕节悬挂于肛门。症状随病程逐渐加重,有时有明显的神经症状,发病后期,患畜常卧地不起,经常作咀嚼动作,故常见口角有许多白沫,最后衰竭死亡。

(4)诊断　根据临床症状并结合流行病学资料等做出初步诊断,在犊牛粪便中查见绦虫孕卵节片或其碎片,以及在粪检中发现特征性虫卵从而确诊。

(5)防治　舍饲到放牧前对牛群进行第一次驱虫,春天放牧后一个月内进行第二次驱虫。对牧场进行改良或轮牧,减少地螨滋生。避免雨后、清晨和黄昏放牧。

治疗常采用下列药物

硫双二氯酚,按剂量 40～60 毫克/千克体重一次口服。氯硝柳胺,按剂量 60～70 毫克/千克体重,作成 10％水悬液灌服。丙硫咪唑,剂量10～20毫克/千克体重,作成 1％水悬液灌服。

5.牛消化道线虫病

牛的消化道线虫病是指寄生于牛消化道的毛圆科、钩口科、圆线科和毛尾科等几十种线虫引起疾病的总称,在自然条件下多呈混合感染。这类线虫在其形态、流行和防治上很类似,故概括进行介绍。

(1)病原　在本地区比较多见且危害严重的是消化道圆线虫病中的一些虫种,如血矛线虫病、钩虫病等,下面以捻转血矛线虫为例做简单介绍。虫体纤细呈毛发状,雄虫长 15~19 毫米,雌虫长 27~30 毫米。雄虫因吸血而显现淡红色,雌虫由于白色的生殖器官和红色的肠管相互扭转,形成了红白相间的外观,而因此得名(见图 3-11)。

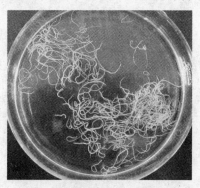

图 3-11　捻转血矛线虫成虫

(2)**流行病学**　虫卵从牛消化道排出后,在外界发育为感染性幼虫,牛、羊吃入被感染性幼虫污染了的饲料和饮水,经口感染,在消化道内发育成成虫。虫卵在外界环境中最适宜的发育温度是 20~30℃,温度较低,发育时间延长。牛、羊多在早晚和雨后的初晴天感染。

(3)**临床症状与病变**　大部分呈亚急性经过,以贫血和消化扰乱为主要特征。病牛长时间腹泻,粪便多黏液,有时带血,食欲不振,身体消瘦,进行性贫血,下颌水肿,时有神经症状发生。尸体消瘦,贫血,水肿,在消化道中可找出虫体。

(4)**诊断**　生前诊断应根据流行状况、临床症状、粪便检查虫卵或幼虫、剖检等作综合判断,才能确诊。粪便检查可用漂浮法,但各种虫卵不易区分,可进行综合的虫卵计数,必要时可用粪便进行培养检查第三期幼虫。

(5)**防治**　一般春秋两季进行定期驱虫,同时避免在低湿草地放牧,不在清晨、傍晚或雨后放牧,不饮小坑死水,换饮干净的流水或井水。有条件的地方可实行轮牧。加强粪便管理,如将粪便堆集发酵等。治疗可用左旋咪唑、丙硫咪唑、噻苯唑、丙硫苯咪唑或伊维菌素等药物,并辅以对症疗法。

6.牛肺线虫病

牛肺线虫病是由丝状网尾线虫和胎生网尾线虫寄生于反刍动物的气管、支气管和细支气管而引起的一种寄生性线虫病。

图 3-12　肺气管中寄生的线虫成虫

(1)病原　丝状网尾线虫,虫体白色,为丝状的大型线虫,雄虫长30～80毫米,雌虫长 30～100 毫米。胎生网尾线虫,与丝状网尾线虫相似,雄虫长 24～43 毫米,雌虫长 32～67 毫米。虫卵均呈椭圆形,内含已发育的幼虫。

(2)流行病学　网尾线虫的虫卵适宜在潮湿、温暖的条件下发育,牛、羊主要是在潮湿的草原上或水域附近的草场上放牧时,吃入草叶上的感染性幼虫而感染,感染多发生在春、夏、秋等温暖季节。

(3)临床症状与病变　患畜主要表现为强烈而粗砺的咳嗽,尤其是患畜被驱赶和夜间休息时咳嗽最明显,咳出的黏液中可见虫卵和幼虫。患畜常从鼻孔流出黏液,干涸后在鼻孔周围形成痂皮。体温一般正常,逐渐消瘦,精神萎靡,食欲减退,呼吸严重困难,最后导致死亡。

(4)诊断　根据症状和流行病学特点,结合粪便检查加以确诊。

粪便应用幼虫检查法检查有无幼虫。死后在支气管、气管中发现一定量的虫体和相应病变时,即可确诊(见图 3-12)。

(5)**防治**　不在潮湿低洼地区放牧。放牧前和放牧后各进行一次驱虫。幼畜与成年家畜分群放牧,有条件的地方实行轮牧等。

治疗可用海群生,按剂量为 50 毫克/千克体重,一次口服。或配成 30％溶液肌肉注射,必要时可隔数日重复注射 2～3 次。也可用苯硫咪唑、左咪唑等。

第四章
羊的疫病

一、羊的传染病

1.小反刍兽疫

小反刍兽疫是由小反刍兽疫病毒引起的一种急性接触性传染性疾病,主要感染绵羊和山羊。其特征是发病急剧、高热稽留、眼鼻分泌物增加、口腔糜烂、腹泻和肺炎。世界动物卫生组织将本病定为A类疾病。

(1)流行病学 自然发病主要见于绵羊、山羊、羚羊、美国白尾鹿等小反刍动物,但山羊发病时比较严重。牛、猪等可以感染此病,但通常为亚临床经过。本病的传染源主要为患病动物和隐性感染者,处于亚临床状态的羊尤为危险,通过其分泌物和排泄物可直接传染或通过呼吸道飞沫传染其他动物。在易感动物群中本病的发病率可达100%,严重暴发时致死率为100%,中度暴发时致死率达50%。但是在本病的老疫区,常常为零星发生,只有在易感动物增加时才发生流行。

(2)临床症状 潜伏期为4~6天,一般在3~21天之间。自然发病仅见于山羊和绵羊。患病动物发病急剧、高热41℃以上,稽留3~5天;初期精神沉郁,食欲减退,鼻镜干燥,口鼻腔流黏液脓性分泌物,呼出恶臭气体。口腔黏膜和齿龈充血,进一步发展为颊黏膜出现广泛性损害,导致涎液大量分泌排出;随后黏膜出现坏死性病灶,感染部位包括下唇、下齿龈等处,严重病例可见坏死病灶波及齿龈、腭、颊部及其乳头、舌等处。后期常出现带血的水样腹泻,病羊严重脱水,消瘦,并常有咳嗽、胸部罗音、腹式呼吸的表现。死前体温下降。幼年动物发病严重,发病率和死亡率都很高。

(3)病理变化　可见结膜炎、坏死性口炎等肉眼病变,严重病例可蔓延到硬腭及咽喉部。瘤胃、网胃、瓣胃很少出现病变,皱胃则常出现糜烂病灶,其创面出血呈红色。肠道有糜烂或出血变化,特别在结肠和直肠结合处常常能发现特征性的线状出血或斑马样条纹。淋巴结肿大,脾有坏死性病变。在鼻甲、喉、气管等处有出血斑。

(4)防治　本病的危害相当严重,是 OIE(世界动物卫生组织)及我国规定的重大传染病之一,因此应加强国境检疫,防止其传入国内。本病无特效的治疗方法。受威胁地区可通过接种牛瘟弱毒疫苗建立免疫带,防止本病传入。

2.蓝舌病

蓝舌病是由蓝舌病病毒引起的,是以昆虫为传播媒介的一种非接触性反刍动物传染病,主要发生于绵羊,其临诊特征为发热、消瘦,口、鼻和胃黏膜的溃疡性炎症变化。由于病羊出现的一些症状,如羔羊长期发育不良、死亡、胎儿畸形、羊毛破坏等,造成的经济损失很大,所以是蓝舌病是 OIE 划定的 A 类疫病之一。

本病的分布很广,很多国家均有本病存在。1979 年我国云南省首次确定绵羊蓝舌病,1990 年在甘肃省又从黄牛体中分离出蓝舌病病毒。

(1)流行病学　绵羊易感,纯种美利奴羊更易感,不分品种、性别和年龄,以 1 岁左右的绵羊最易感,吃奶的羔羊有一定的抵抗力。牛和山羊的易感性较低,多为隐性感染。

患病和带毒动物是传染源,病愈绵羊血液能带毒达4个月之久。本病主要通过库蠓传递。库蠓吸吮带毒血液后,病毒在其体内增殖,当再叮咬绵羊和牛时,即可发生传染。绵羊虱也能传播本病。公牛感染后,其精液内带有病毒,可通过交配和人工授精传染给母牛。病毒也可通过胎盘感染胎儿。

本病的发生具有严格的季节性。多发生在湿热的夏季和早秋,特别是池塘、河流较多的低洼地区。它的发生和分布与库蠓的分布、习性和生活密切相关。

(2)临床症状 病畜体温升高达40~42℃,稽留2~6天,有的长达11天,同时白细胞也明显降低。高温稽留后体温降至正常,白细胞也逐渐回升至正常生理范围。某些病羊痊愈后出现被毛脱落现象。潜伏期为3~8天。病初体温升高达40.5~41.5℃,稽留2~3天。在体温升高后不久,表现厌食,精神沉郁,落后于羊群。上唇肿胀、水肿可延至面耳部,口流涎,口腔黏膜充血、呈青紫色,随即可显示唇、齿龈、颊、舌黏膜糜烂,致使吞咽困难。口腔黏膜受溃疡损伤,局部渗出血液,唾液呈红色。继发感染后可引起局部组织坏死,口腔恶臭。鼻流脓性分泌物,结痂后阻塞空气流通,可致呼吸困难和鼻鼾声。蹄冠和蹄叶发炎,出现跛行、膝行、卧地不动。病羊消瘦、衰弱、便秘或腹泻,有时下痢带血。早期出现白细胞减少症。病程一般为6~14天,至6~8周后蹄部病变可恢复。发病率30%~40%,病死率2%~30%,高者达90%。多并发肺炎和胃肠炎而死亡。怀孕4~8周母羊,如用活疫苗或免疫感染,其分娩的羔羊中约有20%发育畸形,如脑积水、小脑发育不足、脑回过多等。

山羊的病状与绵羊相似,但一般比较轻微。牛多呈隐性感染,约有5%的病例呈现轻微临床症状,临诊表现与绵羊相同。

(3)病理变化 主要见于口腔、瘤胃、心、肌肉、皮肤和蹄部。口腔出现糜烂和深红色区,舌、齿龈、硬腭、颊黏膜和唇出现水肿,有的绵羊舌发绀,故有"蓝舌病"之称。瘤胃有暗红色区,表面有空泡变性和坏死。真皮充血、出血和水肿。肌肉出血，肌纤维呈弥散性浑浊或呈云雾状，严重者呈灰色。呼吸道、消化道和泌尿道黏膜及心肌、心内外膜均有小点出血。严重病例表现为：消化道黏膜有坏死和溃疡，脾脏通常肿大。肾和淋巴结轻度发炎和水肿，有时有蹄叶炎变化。乳房和蹄冠等部位上皮脱落但不发生水疱，蹄部有蹄叶炎变化，并常溃烂。肺泡和肺间质严重水肿，肺严重充血。脾脏轻微肿大，被膜下出血，淋巴结水肿，外观苍白。骨骼肌严重变性和坏死，肌间有清亮液体浸润，呈胶样外观。

（4）**防治**　目前尚无有效治疗方法。对患病动物要加强营养，精心护理，搞好环境卫生。避免烈日风雨，给以易消化的饲料，每天用温和的消毒液冲洗口腔和蹄部。在本病流行区，可在每年发病季节前1个月接种疫苗；在新发病地区可用疫苗进行紧急免疫接种。应当注意的是，在免疫接种时应选用相应血清型的疫苗，如果在一个地区存在两个以上血清型时，则需选用二价或多价疫苗。由于不同血清型病毒之间可产生相互干扰作用，因此二价和多价疫苗的免疫效果会受到一定的影响。目前所用疫苗有弱毒疫苗、灭活疫苗和亚单位疫苗。基因工程疫苗的研究也已取得重要进展。对病羊可用磺胺类药物或抗毒素治疗。口腔用清水、食醋或0.1%的高锰酸钾液冲洗，再用1%～3%硫酸铜、1%～2%明矾或碘甘油涂糜烂面，或用冰硼散外用治疗。蹄部患病时可先用3%来苏儿洗涤，再用木焦油凡士林（1：1）、碘甘油或土霉素软膏涂拭，然后用绷带包扎。

无本病发生的地区，禁止从疫区引进易感动物。加强国内疫情监测，切实做好冷冻精液的管理工作，严防用带毒精液进行人工授精。夏季宜选择高地放牧来减少感染的机会。夜间不在野外低湿地过夜。定期进行药浴、驱虫，控制和消灭媒介昆虫（库蠓），作好牧场的排水工作。

3.山羊病毒性关节炎—脑炎

山羊病毒性关节炎—脑炎是一种病毒性传染病。临床特征是成年羊为慢性多发性关节炎,间或伴有发间质性肺炎或间质性乳房炎;羔羊常呈现脑脊髓炎症状。本病分布于世界很多国家。1985年以来,我国先后在甘肃、贵州、四川、陕西和山东等省发现本病。

(1)流行病学 患病山羊,包括潜伏期隐性患羊,是本病的主要传染源。感染途径以消化道为主。在自然条件下,绵羊不感染。无年龄、性别、品系间的差异,但以成年羊感染居多。水平传播至少同居放牧12个月以上,带毒公羊和健康母羊接触1~5天不引起感染。呼吸道感染和医疗器械接种传播本病的可能性不能排除。感染本病的羊,在良好的饲养管理条件下,常不出现症状或症状不明显。只有通过血清学检查,才能发现。但是一旦改变饲养管理条件、环境或发生长途运输等应激因素的刺激,它就会出现临床症状。

(2)临床症状 依据临床表现分为三型:脑脊髓炎型、关节型和间质性肺炎型。多为独立发生,少数有所交叉。但在剖检时,多数病例具有其中两型或三型的病理变化。

①脑脊髓炎型:潜伏期53~131天。主要发生于2~4月龄羔羊。有明显的季节性,80%以上的病例发生于每年的3~8月份间,显然与晚冬和春季产羔有关。病初,病羊精神沉郁、跛行,进而四肢强直或共济失调。一肢或数肢麻痹、横卧不起、四肢划动,有的病例眼球震颤、惊恐、角弓反张。少数病例兼有肺炎或关节炎症状。

②关节炎型:发生于1岁以上的成年山羊,病程1~3年。典型症状是腕关节肿大和跛行。膝关节和跗关节也有罹患。病情逐渐加重或突然发生。透视检查,轻型病例关节周围软组织水肿;重症病例软组织坏死、纤维化或钙化,关节液呈黄色或粉红色。

③肺炎型:此型较少见,无年龄限制,病程3~6个月。患羊进行性消瘦、咳嗽、呼吸困难、胸部叩诊有浊音,听诊有湿啰音。

除上述三种病型外,哺乳母羊有时发生间质性乳房炎。

(3)病理变化 主要病变见于中枢神经系统、四肢关节及肺脏,其次是乳腺。

①中枢神经:主要发生于小脑和脊髓的灰质,在前庭核部位将小脑与延脑横断,可见一侧脑白质有一棕色区。镜检见血管周围有淋巴样细胞、单核细胞和网状纤维增生,形成套管,套管周围有胶质细胞增生包围,神经纤维有不同程度的脱髓鞘变化。

②关节:关节周围软组织肿胀波动,皮下浆液渗出。关节囊肥厚,滑膜常与关节软骨粘连。关节腔扩张,充满黄色、粉红色液体,其中悬浮纤维蛋白条索或血淤块。滑膜表面光滑,或有结节状增生物。透过滑膜可见到组织中钙化斑。

③肺脏:轻度肿大,质地硬,呈灰色,表面散在灰白色小点,切面有大叶性或斑块状实变区。支气管淋巴结和纵隔淋巴结肿大,支气管空虚或充满浆液及黏液,镜检见细支气管和血管周围淋巴细胞、单核细胞或巨噬细胞浸润,甚至形成淋巴小结,肺泡上皮增生,肺泡隔肥厚,小叶间结缔组织增生,邻近细胞萎缩或纤维化。

④乳腺:发生乳腺炎的病例,镜检见血管、乳导管周围及腺叶间有大量淋巴细胞、单核细胞和巨细胞渗出,继而出现大量浆细胞,间质常发生灶状坏死。

⑤肾脏:少数病例肾表面有 $1\sim2mm$ 的灰白小点。镜检见广泛性的肾小球肾炎。

(4)防治 本病目前尚无疫苗和有效治疗方法。防治本病主要以加强饲养管理和采取综合性防疫卫生措施为主。加强进口检疫,禁止从疫区(疫场)引进种羊。引进种羊前,应先作血清学检查,运回后隔离观察 1 年,其间再做两次血清学检查(间隔半年),均为阴性时才可混群。

采取检疫、扑杀、隔离、消毒和培育健康羔羊群的方法对感染羊群实行净化。羊群严格分圈饲养,一般不予调群。羊圈除每天清扫外,每周还要消毒 1 次(包括饲管用具),羊奶一律消毒处理。怀孕母羊加强饲养管理,使胎儿发育良好,羔羊产后立刻与母羊分离,用消毒过的喂奶用具喂已消毒羊奶或消毒牛奶,至 2 月龄时开始进行血清学检查,阳性者一律淘汰。在全部羊至少连续 2 次(间隔半年)呈血清学阴性时,方可认为该羊群已经净化。

4.绵羊痘

绵羊痘是由绵羊痘病毒引起的急性传染病,传染性强。在自然条件下,细毛羊更易感。本病一般在夏秋之际多发,病初发烧、不食、羊嘴唇部和大腿内侧无毛处出现红片,严重者全身出现圆形疙瘩,体格强大者一般可耐过,体格瘦弱者由于不食而有可能死亡。

(1)临床症状 病羊潜伏期为 6～8 天,临床上可分为典型经过和非典型经过。

典型经过:病羊初期体温升高达 40.6～42℃。感染后 4 天左右在眼部、唇部、鼻翼、脸、乳房周围、四肢内侧等部位出现红斑,继而发展到全身。再过 2 天后形成丘疹,突出于皮肤表面,体温在 41℃ 左右。随后,丘疹突起明显增大,变成灰色水疱,内含清亮浆液,有的可见少量黏液流出。几天后水疱变成脓疱,破裂后,形成棕色痂皮,7 天左右脱痂,体温趋于正常,痊愈。

非典型经过:病羊仅出现体温升高和黏膜卡他性炎症症状,不出现或出现少量痘疹,不形成水疱,痘疹几天内干燥、脱落。非典型经过多发生于老、弱、孕羊及羔羊。痘疹内出血、变黑,有的痘疹化脓、坏疽,也有的痘疹集中在呼吸道、消化道,往往造成病羊死亡。怀孕母羊可造成流产。

(2)防治 加强饲养管理。隔离病羊,对病羊群实施严格封锁,实行舍饲。严禁无关人员进出羊圈。病死羊消毒后焚烧或深埋,粪便发酵处理,对羊群、圈舍、器具严格消毒,每天一次,连续 10 天。定期清扫羊舍和运动场地,运动场地周围环境和通道用 10%～20% 石灰水泼洒消毒,隔 7 天消毒一次。每年定期进行预防接种,每只羊用 0.5 毫升羊痘弱毒冻干苗,尾部或股内侧皮下注射。

①用 1%高锰酸钾溶液洗患处,软化后除去坏死组织,涂抹硼酸软膏,每天 2 次。静脉注射 5%葡萄糖溶液 250 毫升、青霉素 400 万单位、安乃近 20 毫升、病毒灵 20 毫升、地塞米松 4 毫升的混合液体,每天 1 次。

②黄连 100 克、射干 50 克、地骨皮 25 克、黄柏 25 克、柴胡 25 克,混合后加水 10 千克,煎至 3.5 千克,用 3~5 层纱布过滤 2 次,装瓶灭菌备用。每次每只大羊用 10 毫升,小羊用 5~7 毫升,皮下注射,每天 2 次,连用 3 天。

③对重病羊皮下注射康复血清,大羊每只用 15 毫升,小羊每只用 7 毫升,每天 1 次,连用 3 天。

5.羊快疫

羊快疫是由腐败梭菌引起的一种急性、致死性传染病,不同品种的羊均可感染,以 1 岁以内膘情好的多发。发病季节多在初春和秋末。其特征是突然发病,病程极短,几乎看不到症状即死,真胃和十二指肠出血水肿和坏死。呈散发或地方性流行。

(1)流行病学 绵羊对羊快疫最易感。多发生在 6~18 个月之间的羊。一般经消化道感染。山羊、鹿也可感染本病。羊的消化道平时就有腐败梭菌的存在,但并不发病。当存在不良的外界诱因,特别是在秋、冬和初春气候骤变、阴雨连绵之际,羊受寒感冒或采食了冰冻带霜的草料,机体遭受刺激,抵抗力减弱时,使真胃黏膜发生坏死和炎症,同时经血液循环进入体内,刺激中枢神经系统,引起急性休克,使羊迅速死亡。羊快疫主要经消化道或伤口感染。

(2)临床症状 突然发生,病羊往往来不及出现临床症状,就突然死亡。病程稍长的羊则表现为虚弱、磨牙、呼吸困难以至昏迷;有的食欲废绝;粪便稀薄;口流带血泡沫,病程极为短促,多在几分钟至几小时内死亡。

（3）**病理变化**　主要见于消化道和循环系统。十二指肠和空肠黏膜严重充血、糜烂，有的区段可见大小不等的溃疡。胸腔、腹腔和心包大量积液，后者暴露于空气后，可形成纤维素絮块。浆膜上有小点出血。病羊刚死时骨骼肌表现正常，但在死后 8 小时内，细菌在骨骼肌里增殖，使肌间隔积聚血样液体，肌肉出血，有气性裂孔，骨骼肌的这种变化与黑腿病的病变十分相似。

（4）**防治**　可用疫苗免疫预防本病。由于病程短，来不及治疗，所以应注射羊快疫—猝疽—肠毒血症三联苗进行预防。对病死羊应深埋，对用具、圈舍用 20％漂白粉或 3％烧碱液消毒。由于病菌广泛存在于自然界，应加强饲养管理，保持好环境卫生。尽可能避免诱发疾病的因素如饲料突变，切忌多食谷物尤其是初春时不能多喂青草和带有冰雪的饲草。放牧时尽可能选择高坡地，不到低洼地。一旦发生疫情，首先应用疫苗进行紧急免疫，急速转移牧地，少给青饲料，多喂粗饲料。

6. 羊猝疽

羊猝疽是由 C 型魏氏梭菌的毒素所引起，以溃疡性肠炎和腹膜炎为特征。两者可混合感染，其特点是突然发病，病程极短，几乎看不到临床症状即死亡。胃肠道呈出血性、溃疡性炎症变化，肠内容物混有气泡。肝肿大、质脆、色多变淡，常伴有腹膜炎。

（1）**流行病学**　本病主要侵害绵羊，也感染山羊，不分年龄、品种、性别均可感染，但以 1～2 岁绵羊发病较多。多发生于冬、春季节，常呈地方流行性，以急性死亡、腹膜炎和溃疡性肠炎为特征。被本菌污染的牧草、饲料和饮水都是传染源，病菌随着动物采食和饮水经口进入消化道，在肠道中生长繁殖并产生毒素，致使动物形成毒血症而死亡。

（2）**临床症状**　病羊病程很短，一般无临床症状即急性死亡。有时发现病羊突然无神,侧身卧地,剧烈痉挛,咬牙,眼球突出,在数小时内惊厥而死。死亡是由于毒素侵害到与生命活动有关的神经元所发生的休克所致。

(3)病理变化 病变主要见于消化道和循环系统。十二指肠和空肠黏膜严重充血、糜烂,有的区段可见大小不等的溃疡。心包、胸腔、腹腔积液,心外膜有出血点,肾变性。

(4)防治 由于本病的病程短促,往往来不及治疗,因此,必须加强平时的饲养管理和防疫措施。在本病常发区,将病羊隔离,对病程较长的病例试行对症治疗。当本病发生严重时,转移牧地,可收到减少和停止发病的效果。因此,应将所有未发病羊,转移到高燥地区放牧,加强饲养管理,防止受寒感冒,避免其采食冰冻饲料,早晨出牧不要太早。同时用菌苗进行紧急接种。在本病常发地区,每年可定期注射1～2次羊快疫—猝疽二联菌苗或快疫—猝疽—肠毒血症三联苗。近年来,我国又研制成功厌氧菌七联干粉苗(羊快疫—羊猝疽—羔羊痢疾—肠毒血症—黑疫—肉毒中毒—破伤风七联苗),这种菌苗可以随需配合。

由于吃奶羔羊的主动免疫力较差,故在羔羊经常发病的羊场,应对怀孕母羊在产前进行两次免疫:第一次在产前1～1.5个月,第二次在产前15～30天,但在发病季节,羔羊也应接种菌苗。对慢性病例或病程长的羊可选用青霉素肌肉注射,一次160万～200万单位,每日2～3次;内服磺胺嘧啶,一次5～6克,每日两次;全群灌服10%生石灰水溶液,每只100～150毫升。但若发病已超过两天,粪便少而稀,则多数难以治愈。

7.羊肠毒血症

羊肠毒血症是由D型魏氏梭菌(又称"产气荚膜杆菌")引起的羊的急性传染病。是由产气荚膜杆菌在羊肠道中大量繁殖并产生毒素所引起的,故称"羊肠毒血症",死亡的羊常有肾脏软化现象,故又称为"软肾病"。本病在临床症状上类似羊快疫,故又称"类快疫"。

(1)**流行病学** 发病以绵羊为多,山羊较少。通常以 2～12 月龄、膘情好的羊为主,经消化道而发生内源性感染。以春夏之交牧区抢青时和秋季牧草结籽后的一段时间发病为多;农区则多见于收割抢茬季节或食入大量富含蛋白质饲料时,本病多呈散发性流行。

(2)**临床症状** 本病的特点为突然发作,很少能见到症状,往往在表现出疾病后绵羊便很快死亡。病状可分为两种类型:一类以搐搦为其特征;另一类以昏迷和静静地死去为其特征。前者在倒毙前,四肢出现强烈的划动,肌肉抽搐,眼球转动,磨牙,口水过多,随后头颈显著抽缩,往往死于 2～4 小时内。后者病程不太急,其早期症状为步态不稳,以后卧倒,并有感觉过敏、流涎、上下颌"咯咯"作响,继以昏迷,角膜反射消失,有的病羊发生腹泻,通常在 3～4 小时内静静地死去。搐搦型和昏迷型在症状上的差别是由于吸收的毒素多少不一所导致的。

(3)**病理变化** 病变常发生于消化道、呼吸道和心血管系统。病羊死后立即解剖,能见到其肝脏肿大,暗紫色,切面外翻,质脆,右叶表面有核桃大到鸡蛋大的黄白色坏死。脾脏肿大,质地松软。肾脂肪囊水肿,并呈黄色胶胨状。心外膜水肿。肠系膜淋巴结水肿,呈乳白色。结肠淋巴结出血、水肿。肺门淋巴结出血,周围有黄色胶胨状物。大网膜有多处凝血块,大小不一。腹腔约有 500 毫升血红色液体,暴露空气后则凝成黄色胶样纤维蛋白块。瘤胃部分黏膜出血,真胃黏膜、小肠黏膜全部呈紫红色,为严重的弥漫性出血。膀胱黏膜有密集的针尖状出血点。

(4)**防治** 当羊群中出现本病时,可立即搬圈,转移到高燥的地区放牧。在常发地区,应定期注射羊肠毒血症菌苗、羊快疫—猝疽—肠毒血症三联苗、或厌气菌七联干粉苗。在牧区夏初发病时,应该少抢青,而让羊群多在青草萌发较迟的地方放牧,秋末发病时,可尽量到草黄较迟的地方放牧。在农区针对引起发病的原因,减少或暂停抢茬,少喂菜根菜叶等多汁饲料。要加强羊的饲养管理,增加羊的运动。

①预防:春夏之际少抢青、抢茬;秋季避免吃过量结籽饲草;发病时搬圈至高燥地区。常发区定期注射羊厌氧菌病三联苗或五联苗,大小羊一律皮下或肌肉注射 5 毫升。

②治疗:对病程较缓慢的病羊,可以用以下几种方法:青霉素,肌肉注射,每次 80 万～160 万单位,每天 2 次;磺胺脒,按每千克体重 8～12 克,第 1 天 1 次灌服,第 2 天分 2 次灌服;10%石灰水灌服,大羊 200 毫升,小羊 50～80 毫升,连用1～2次。此外,应结合强心、补液、镇静等对症治疗,有时尚能治愈少数病羊。

8.羊黑疫

羊黑疫又称"传染坏死性肝炎",是由 B 型诺维氏梭菌引起的绵羊和山羊的急性高度致死性毒血症。

(1)流行病学　本病主要在春、夏季发生于肝片吸虫流行的低洼潮湿地区。诺维梭菌广泛存在于土壤中,当羊采食被此菌芽孢污染的饲料后,芽孢由胃肠壁进入肝脏。正常肝脏由于氧化还原电位高,不利于其芽孢变为繁殖体,而仍以芽孢形式潜藏于肝脏中。当肝脏因受未成熟的游走肝片吸虫损害发生坏死导致其氧化还原电位降低时,存在于该处的芽孢即可获得适宜的条件,迅速生长繁殖,产生毒素,进入血液循环,发生毒血症,损害神经元和其他与生命活动有关的细胞,导致急性休克而死亡。因此,本病的发生经常与肝片吸虫的感染密切相关。本病主要侵害 2～4 岁以上的成年绵羊,山羊也可感染此病,疾病的发生和流行与肝片吸虫的感染有密切关系。

(2)临床症状　本病的临床症状与羊肠毒血症、羊快疫极其相似,病程十分急促,绝大多数情况是未见有病症出现而突然发生死亡。少数病例病程稍长,可拖延 1～2 天,但没有超过 3 天的。病羊表现掉群、不食、体温升高、呼吸困难,呈昏睡、俯卧,无痛苦地突然死亡。

(3)病理变化　病羊尸体皮下静脉显著充血,其皮肤呈暗黑色外观(黑疫之名即由此而来)。胸部皮下组织经常水肿。浆膜腔有液体渗出,暴露在空气时易于凝固,液体常呈黄色,但腹腔液略带血色。左心室心内膜下常出血。真胃幽门部、小肠充血和出血。肝脏充血肿胀,从表面可看到或摸到有一个到多个凝固性坏死灶,坏死灶的界限清晰,灰黄色,不整圆形,周围常为一个鲜红色的充血带围绕,坏死灶直径可达 2～3 厘米,切面成半圆形。羊黑疫肝脏的这种坏死变化是很有特征的,具有诊断意义。皮下静脉显著淤血,使羊皮呈暗黑色外观。真胃幽门部和小肠充血、出血。肺脏表面和深层有数目不等的灰黑色坏死灶,周围有一鲜红色充血带围绕,切面呈半月形。

(4)防治　预防此病首先在于控制肝片吸虫的感染。定期注射羊厌气菌病五联苗,皮下或肌肉注射 5 毫升。发病时,迁圈至干燥处,也可用抗诺维梭菌血清早期预防,皮下或肌肉注射 10～15 毫升,必要时重复 1 次。病程缓慢的病羊,可用青霉素肌肉注射80 万～160 万单位,每天 2 次。

9.羔羊梭菌性疾病

羔羊梭菌性疾病简称"羔羊痢疾",是由 B 型魏氏梭菌所引起的,主要感染初生羔羊的一种急性毒血症,以剧烈腹泻和小肠发生溃疡为其特征。

(1)流行病学　本病主要危害 7 日龄以内的羔羊,其中又以 2～3 日龄的羔羊发病最多,7 日龄以上的很少患此病。传染途径主要是通过消化道,也可能通过脐带或创伤。羔羊生后数日,B 型魏氏梭菌可通过吮乳、羊粪或饲养人员手指进入消化道,也可通过脐带或创伤感染。在外界不良诱因如母羊怀孕期营养不良,羔羊体质瘦弱;气候寒冷,羔羊受冻,哺乳不当,羔羊饥饱不匀,羔羊抵抗力减弱时,病菌在小肠大量繁殖,产生毒素(主要为 β 毒素),引起羊发病。本病可使羔羊大批死亡,特别是草质差的年份或气候寒冷多变的月份,发病率和病死率都高。

（2）**临床症状**　潜伏期1～2天。病初精神委顿，低头拱背，不想吃奶。不久就发生腹泻，粪便恶臭，有的稠如面糊，有的稀薄如水，到了后期，有的还含有血液，直到成为血便。病羔羊逐渐虚弱，卧地不起。若不及时治疗，常在1～2天内死亡。个别病羔腹胀而不下痢，或只排少量稀粪（也可能粪便带血或成血便），主要表现为神经症状，四肢瘫软，卧地不起，呼吸急促，口流白沫，最终昏迷。体温降至常温以下，多在数小时或十几小时内死亡。

（3）**病理变化**　尸体脱水现象严重，尾部污染有稀粪。最显著的病理变化是在消化道。真胃内有未消化的乳凝块。小肠（特别是回肠）黏膜充血发红，溃疡周围有一出血带环绕，有的肠内容物呈血色。肠系膜淋巴结肿胀充血，间或出血。心包积液，心内膜有时有出血点。肺常有充血区域或淤斑。

（4）**防治**　本病发病因素复杂，应综合实施抓膘保暖、合理哺乳、消毒隔离、预防接种和药物防治等措施才能有效地予以防治。

每年秋季注射羔羊痢疾苗或厌气菌七联干粉苗，产前2～3周再接种一次。

羔羊出生后12小时内，灌服土霉素0.15～0.2克，每日一次，连续灌服3天，有一定的预防效果。治疗羔痢的方法很多，各地应用效果不一，应根据当地条件和实际效果，试验选用。

①土霉素0.2～0.3克，或再加胃蛋白酶0.2～0.3克，加水灌服，每日两次。

②磺胺脒0.5克，鞣酸蛋白0.2克，次硝酸铋0.2克，重碳酸钠0.2克，或再加呋喃唑酮0.1～0.2克，加水灌服，每日3次。

③先灌服含0.5％福尔马林的6％硫酸镁溶液30～60毫升，6～8小时后再灌服1％高锰酸钾溶液10～20毫升，每日服2次。

在选用上述药物的同时，还应针对其他症状进行对症治疗。也可使用中药治疗。

10.羊支原体性肺炎

羊支原体性肺炎,又称"羊传染性胸膜肺炎",是由多种支原体所引起的高度接触性传染病,其临诊特征为高热、咳嗽,胸和胸膜发生浆液性和纤维素性炎症,取急性或慢性经过,病死率很高。

(1)流行病学 在自然条件下,丝状支原体山羊亚种仅感染山羊,尤其3岁以下的羔羊;而绵羊肺炎支原体既可感染山羊也可感染绵羊。本病常呈地方性流行,接触传染性很强,主要通过空气飞沫经呼吸道传染。在阴雨连绵、寒冷潮湿、羊群密集拥挤等不良因素下容易诱发本病。另外,在冬季和早春枯草季节,由于羊缺乏营养,容易受寒感冒,造成其抵抗力下降,也容易诱发本病。病羊和带菌羊是传染源,其病肺组织和胸腔渗出液中含有大量病原体,主要经呼吸道分泌物排菌。病羊组织内的病原体在相当长的时期内具有生活力,这种羊也有散播病原的危险性。新疫区的暴发,几乎都由引进病羊所致。发病后传播迅速,20天左右可波及全群。冬季流行期平均20天,夏季可达2个月以上。

(2)临床症状 本病的临床症状为高热、咳嗽,胸和胸膜发生浆液性和纤维性炎病,病死率高。潜伏期短者5~6天,长者21~28天,平均18~20天。

病初羊体温升高,精神沉郁,食欲减退,随即咳嗽,流浆液性鼻涕,4~5天后咳嗽加重,干咳而痛苦,浆液性鼻涕变为黏脓性,常黏于鼻孔、上唇,呈铁锈色。病羊多在一侧出现胸膜肺炎变化,肺部叩诊有实音区,肺听诊呈支气管呼吸音或呈摩擦音,触压胸壁,病羊表现敏感、疼痛,呼吸困难,高热稽留,眼睑肿胀,流泪或有黏性、脓性分泌物,腰背起伏做痛苦状。怀孕母羊可发生流产,部分羊肚胀腹泻,有些病例口腔溃烂,唇部、乳房等部位皮肤发疹。病羊在濒死前体温降至常温以下,病期多为7~15天。

(3)病理变化 一般局限于胸部器官。有浆液纤维素性胸膜炎变化。胸腔积有大量淡黄色浆液纤维素性渗出物。胸膜充血、晦暗、粗糙，附以纤维素絮片。肺胸膜与肋胸膜常发生粘连。病理损害多发生于一侧，常呈纤维蛋白性肺炎，间或为两侧性肺炎。肺实质硬变，切面呈大理石样变化。肺小叶间质变宽，界限明显。血管内常有血栓形成。胸膜增厚而粗糙，常与肋膜、心包膜发生粘连。支气管淋巴结、纵隔淋巴结肿大，切面多汁并有出血点。心包积液，心肌松弛、变软，肝脏、脾脏肿大，胆囊肿胀，肾脏肿大，被膜下可见有小点状出血。

（4）防治

①做好羊群的免疫接种，提倡自繁自养，防止病羊和带菌羊的引入或迁入。对从外地引进的羊，必须隔离一个月以上，经检疫无病后方可混群饲养。

②加强饲养管理，增强羊的体质。

③贯彻预防为主的方针，对羊舍坚持日日清扫，保持栏舍和羊的干燥卫生，并坚持定期消毒，切断疫病传播途径，杀灭或消除病原体，消灭疫病源头。

④对发病羊群立即封锁，进行逐头检查，对病羊、可疑病羊和假定健康羊分群隔离和治疗；对被污染的羊舍、场地、饲养工具和病羊的尸体、粪便等，进行彻底消毒和无害化处理。

⑤羊发病初期使用足够剂量的土霉素、氯霉素，也可使用磺胺嘧啶皮下注射。

二、羊的寄生虫病

1.羊肝片吸虫病

羊肝片吸虫病是由肝片吸虫寄生于羊的肝脏、胆管内引起的一种吸虫病。本病可引起急性或慢性肝炎和胆管炎，并伴有全身性中毒现象和营养障碍，主要危害幼畜和绵羊，可引起大批死亡。

(1)**病原** 虫体背腹扁平,呈叶片状,新鲜时呈鲜红色,大小为(21～41)毫米×(9～14)毫米(见图4-1)。虫卵椭圆形,黄褐色,大小为(133～157)微米×(74～91)微米,前端有一个不明显的卵盖,卵壳较薄而透明,卵内充满着卵黄颗粒和一个胚细胞(见图4-2)。

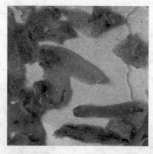

图4-1　肝片吸虫虫体　　　　图4-2　肝片吸虫虫卵

(2)**流行病学** 肝片形吸虫是我国分布最广泛、危害最严重的寄生虫之一,但多呈地方性流行。其虫体发育过程中需要淡水螺作为中间宿主,冬末宿主范围广泛,保虫宿主较多。温度、湿度和淡水螺是本病流行的重要因素,特别是在多雨年份,在久旱逢雨的温暖季节如夏秋季,多由于羊经口吃入大量含囊蚴的饲草和饮水而感染。

(3)**临床症状与病变** 临床症状显著与否常与感染强度和机体的抵抗力、年龄、畜别、饲养管理等因素有密切关系。根据病程一般可分为急性型和慢性型两种类型。

①急性型:由于羊在短时间内吞食大量(2000个以上)囊蚴后2～6周发病,多发于夏末、秋季和初冬季节,病势猛,发病后一般突然倒毙。病初体温升高,精神沉郁,食欲减退,衰弱易疲劳,离群落后。肝区压痛敏感,迅速发生贫血,黏膜苍白。剖检可见急性肝炎,肝肿大,包膜有纤维素沉积,有2～5毫米长的暗红色虫道。

②慢性型:患羊耐过急性经过后多转为慢性,或吞食中等量(200～500个)囊蚴后4～5个月时发生,多发生于冬末和春季。患羊主要表现贫血,黏膜苍白,食欲不振,异嗜,极度消瘦,毛干易落,行动

缓慢,眼睑、颌间、胸下和下腹部出现水肿。母羊乳汁稀薄,怀孕羊往往流产,最终衰竭死亡。剖检主要表现为慢性增生性肝炎(见图4-3)。

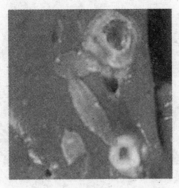

图4-3　肝片吸虫寄生肝脏

(4)**诊断**　根据临床症状、流行病学资料、粪便检查和剖检等做出综合判断。

(5)**防治**　春秋两季各进行一次驱虫是预防本病的重要措施。加强动物粪便管理,杀灭粪便中虫卵或不让粪便入水。有条件的话可以灭螺等。

治疗可用硫双二氯酚、丙硫咪唑、碘醚柳胺等药物。

2.羊前后盘吸虫病

羊前后盘吸虫病是由前后盘科多个属的吸虫寄生于瘤胃、小肠胆管及胆囊等部位而引起的一种寄生虫病。

(1)**病原**　前后盘类吸虫种类繁多,虫体形状因虫种不同而差别很大。其共同特征是虫体呈圆柱形、圆锥形或长梨形,有两个吸盘,口吸盘位于虫体最前端,后吸盘位于虫体末端,一般比口吸盘大(见图4-4)。虫卵类似于肝片吸虫卵,但卵内卵黄颗粒分布较稀疏(见图4-5)。

(2)**流行病学**　本病在我国各地均有发生,南方各省都有不同程度的感染,并且感染强度较高。其发病过程需要小土蜗螺、扁卷螺等作中间宿主,羊由于吃入含囊蚴的水草等感染,多发于多雨的夏秋季节。

图 4-4 前后盘吸虫成虫

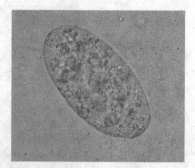

图 4-5 前后盘吸虫卵

(3)临床症状与病变 成虫危害轻微,即使寄生量很大,临床症状也不明显。童虫在宿主体内移行危害严重。临床上主要为顽固性下痢,粪便恶臭,粥样或水样。食欲减退,消瘦,贫血,黏膜苍白,颌下水肿,最后表现为恶病质,因衰竭而死。

(4)诊断 成虫寄生时,检查粪便发现大量特征性虫卵而确诊,幼虫寄生时剖检发现大量童虫而确诊。

(5)防治 可参照肝片吸虫病。绵羊可用氯硝柳胺,剂量为75～80毫克/千克体重,亦可用硫双二氯酚,剂量与肝片吸虫相同。

3.羊棘球蚴病

羊棘球蚴病,又称"包虫病",是由细粒棘球绦虫的中绦期——细粒棘球蚴寄生于羊的肝脏、肺等脏器中引起的疾病,可导致羊生长停滞、抗病力差,甚至死亡。

(1)病原

①细粒棘球蚴:为圆形囊状体,寄生时间长短、寄生部位和宿主不同,大小差别很大,直径从 1 厘米到数 10 厘米都有。囊壁分两层,

外层为角皮层,内层为生发层。生发层向囊内长出许多原头蚴,囊腔内充满无色透明或微带黄色的囊液。有的囊内可长出与母囊结构相似的子囊、孙囊。

②细粒棘球绦虫:体长 2～7 毫米,整个虫体只含有 2～4 个节片,寄生于犬科动物的小肠内。

(2)流行病学　本病在我国主要分布在新疆、西藏、青海、四川西北部牧区。犬和绵羊在本病的传播流行上意义重大,犬粪中排出的虫卵及孕卵节片污染牧地及饮水而引起牛、羊等家畜感染,而牧羊犬常吃到带虫的动物内脏,从而造成本虫在家畜与犬之间的循环感染。人常因接触犬而致使虫卵黏在手上再经口感染。

(3)临床症状与病变　轻度感染或感染的初期无症状。绵羊对棘球蚴较敏感,死亡率也高,严重感染者表现为消瘦、被毛逆立、脱毛、咳嗽倒地。但各种动物都可因囊泡破裂而产生严重的过敏反应,突然死亡。

剖检时可见病变主要集中在肝脏和肺脏,表现为体积增大,表面凹凸不平,并可找到棘球蚴,触诊囊体有波动感(有时部分囊泡壁外露),囊泡周围的实质萎缩(见图 4-6)。有时也可在其他脏器如脾、肾、肌肉、脑、脊椎管等处发现棘球蚴。

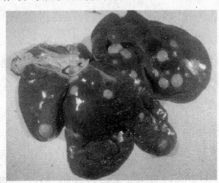

图 4-6　肝脏棘球蚴

(4)诊断　生前诊断较困难,只有在剖检时发现囊体才能得以确诊。

（5）防治　对家犬、牧羊犬进行定期驱虫，防止犬吃到病畜脏器，防止犬粪污染家畜的饲料、饮水等，可以预防本病。

治疗可用丙硫咪唑，剂量为 90 毫克/千克体重，连用 2 次，也可用吡喹酮进行治疗。

4.羊脑多头蚴病

羊脑多头蚴病（脑包虫病）是由于多头绦虫的幼虫——脑多头蚴寄生在绵羊、山羊的脑内，有时也见于延脑和脊髓中，引起脑多头蚴病，俗称"脑包虫病"，因能引起明显的转圈症状，亦称"转圈病"或"旋回症"。

（1）病原　脑多头蚴为一个充满透明液体的囊泡，囊体从豌豆大到鸡蛋大都有，囊壁由两层膜组成，外膜为角质层，内膜为生发层。内膜上有许多呈簇状分布的原头蚴，直径为 2～3 毫米，数量有 100～250个。

成虫为多头绦虫，长 40～100 厘米，由 200～250 个节片组成，寄生于犬、狼、狐等动物的小肠内。虫卵呈球形，直径 29～37 微米，内含六钩蚴。

（2）流行病学　我国各地均有报道，在牧区多呈地方性流行。主要见于两岁前的羔羊，全年都可见到因本病而死亡的羊。犬是多头蚴感染的主要来源。犬由于吃入了含脑多头蚴的脑而感染上其成虫，羊吃入被犬粪污染的草、饲料或饮入被污染的水而感染上其虫卵。

（3）临床症状与病变　有前期和后期的区别。前期症状一般表现为急性型，绵羊感染后 2 周左右出现急性脑膜炎症状，以羔羊最明显。部分羊在 5～7 天内可因急性脑膜炎而死，多数病羊可耐过。

后期症状为慢性型，绵羊感染后约 8 周逐渐出现，再经 2～6 个月产生明显而典型的神经症状，且随着时间的推移而加剧。由于多头蚴在脑部的寄生部位不同,病羊呈现不同症状,头高举、下垂、偏于一侧或抵障碍物不动,有的做直线运动,或转圈运动,也有的出现痉挛和失明。如有寄生多个虫体而又位于不同部位时,则会出现综合症状。

(4)**诊断** 应根据特异症状、病史、头部触诊综合判定,有些病例必须在剖检时才能确诊(见图 4-7、图 4-8)。鉴别诊断要注意与莫尼茨绦虫病、羊鼻蝇蚴病及其他脑病的神经症状相区别。

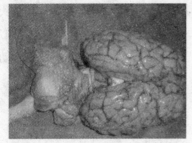 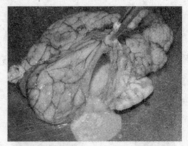

图4-7 脑多头蚴寄生的大脑　　　　图4-8 大脑中的脑多蚴

(5)**防治** 防止犬吃到含脑包虫的牛、羊等动物的脑及脊髓,对家犬和牧羊犬进行定期驱虫,防止羊栏、牛栅和饲料及饮水等被犬粪污染,可以预防本病。

治疗主要采用外科手术摘除头部前方脑髓表层寄生的虫体。也可以应用吡喹酮和丙硫咪唑等进行治疗。

5.羊消化道绦虫病

羊消化道绦虫病是由莫尼茨绦虫、曲子宫绦虫和无卵黄腺绦虫寄生于羊的小肠引起的一种寄生虫病。其中以莫尼茨绦虫的危害最为严重,主要危害羔羊和犊牛,影响它们生长发育,甚至引起它们死亡。

(1)**病原** 莫尼茨绦虫包括扩展莫尼茨绦虫和贝氏莫尼茨绦虫,两者外观颇为相似(见图 4-9)。扩展莫尼茨绦虫呈乳白色,虫体长

1～6米，宽16毫米，体节宽而短。贝氏莫尼茨绦虫呈黄白色，长达4米，其形态构造与扩展莫尼茨绦虫相似，不同的是其体节较前者更宽，达26毫米。虫卵呈三角形或四角形，直径为56～67微米，卵内的六钩蚴被包围在梨形器内（见图4-10）。

(2)流行病学　本病在我国西北、内蒙古和东北的牧区流行广泛，农区局部流行。羊对扩展莫尼茨绦虫的易感性有明显的年龄差异，新生1.5～2个月的羔羊已能够感染，2～5个月的羊感染率最高，7个月后病羊获得抵抗力。3～4个月龄前的羔羊不感染贝氏莫尼茨绦虫。羊由于在富含腐殖质的林区、潮湿的牧地及草原上吃入含似囊尾蚴的地螨而感染，羊的感染还与地螨的种类、繁殖、分布及活动等特性相关。

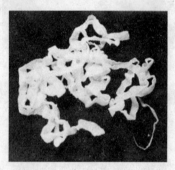

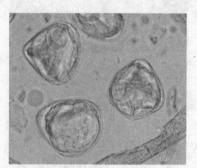

图4-9　莫尼茨绦虫成虫　　　　图4-10　莫尼茨绦虫虫卵

(3)临床症状与病变　患羊的症状与感染强度及年龄、体质相关。病羊表现为精神不振、消瘦、贫血、食欲减退，腹泻，粪便中含黏液和孕卵节片，有时有明显的神经症状，如无目的地运动、回旋或头部向后仰，步态蹒跚，有时有震颤。后期，患羊常卧地不起，经常作咀嚼动作，口角有许多白沫，最后衰竭死亡。

剖检主要表现为尸体消瘦、黏膜苍白、贫血。胸、腹腔及心包内有浑浊的液体。肠有时可发生阻塞或扭转，肠黏膜出血，肠内有大量虫体。

（4）诊断　根据临床症状、流行病学资料等做出初步诊断，确诊需要发现病原体。对于严重感染的患羊来讲，清晨排出的新鲜粪球表面有黄白色，形似煮熟的米粒且能蠕动的孕卵节片，有时节片呈链状垂吊在肛门处。也可应用饱和食盐水漂浮法检查粪便中的特征性虫卵。也可宰后在小肠中检出虫体而确诊。

（5）防治　预防性驱虫是控制本病的重要措施，可进行"成熟前驱虫"，即羊放牧后 30 天内进行第一次驱虫，再经 10～15 天后进行第二次驱虫，驱虫后的粪便要妥善处理。对牧场进行深耕、种植优良牧草或农牧轮作，减少地螨滋生。尽可能避免雨后、清晨和黄昏放牧，以减少羊吃入中间宿主地螨的概率。

治疗可采用下列药物：

①硫双二氯酚：剂量为 80～100 毫克/千克体重，一次口服。

②氯硝柳胺：剂量为 75～80 毫克/千克体重，做成 10％水悬液灌服。

③丙硫咪唑：剂量为 10～20 毫克/千克体重，做成 1％水悬液灌服。

④吡喹酮：剂量为 10～15 毫克/千克体重，一次口服。

6.羊消化道线虫病

羊消化道线虫病由寄生于羊消化道内的线虫引起的寄生虫病。其种类很多，主要有捻转血矛线虫、奥斯特线虫、马歇尔线虫、毛圆线虫、细颈线虫等，往往为混合感染，病症大致相似，病畜渐行性消瘦、贫血，出现胃肠炎、下痢、水肿，是每年春季引起羊大批死亡的重要原因之一。

（1）病原　危害比较严重的羊消化道线虫主要有捻转血矛线虫、仰口线虫、食道口线虫、夏伯特线虫等。

捻转血矛线虫　虫体纤细呈毛发状，雄虫长 15～19 毫米，雌虫长 27～30 毫米。雄虫因吸血而显现淡红色，雌虫由于白色的生殖器官和红色的肠管相互扭转,形成了红白相间的外观,故称为"捻转血矛线虫"。

羊仰口线虫 虫体乳白色,吸血后的新鲜虫体为淡红色。头端向背面弯曲,口囊大,口缘的腹面有一对角质的半月形切板,雄虫交合伞的背叶不对称。雌虫阴道口位于虫体中部之前。雄虫长 12～17 毫米,雌虫长 15～21 毫米。

(2)流行病学 本病在全国各地均有不同程度发生和流行,以牧区最为普遍。一般春季是感染发病的高潮(春潮),羊感染数量和肠道线虫数量的季节动态主要受温度和湿度的影响。

(3)临床症状与病变 本病为慢性经过,多发生于羔羊。病羊的主要症状表现为消化紊乱,胃肠道发炎,拉稀,粪便带黏液,消瘦;眼结膜苍白,贫血。严重病例下颌间隙、胸腹下部水肿,生长发育受阻;少数病例体温升高,呼吸、脉搏频数及心音减弱,最终羊因身体极度衰竭而死亡。剖检可见消化道各部有数量不等的相应线虫寄生(见图 4-11),小肠、盲肠黏膜呈现卡他性炎症。大肠可见有黄色点状结节或化脓性结节与溃疡。

图 4-11 羊皱胃表面的捻转血矛线虫

(4)诊断 根据流行病学资料、临床症状来做初诊,确诊需检查病原,可用饱和盐水漂浮法在粪便中检获大量虫卵或死后剖检获大量的线虫而确诊。

（5）**防治**　在春秋两季各进行1～2次的驱虫；加强粪便管理；不要在低洼的湿地放牧，不要在清晨、傍晚或雨后放牧，尽量避开幼虫活动的那些时间，以减少感染机会；羊应饮用干净的流水或井水；加强饲养管理，提高羊的抗病能力等。

治疗可选用丙硫咪唑、左旋咪唑、阿维菌素等常用驱虫药。

7. 羊肺线虫病

羊肺线虫病是由丝状网尾线虫寄生于羊的气管、支气管内所引起的一种以支气管炎和肺炎为主要症状的线虫病。

（1）**病原**　丝状网尾线虫为丝状的大型线虫，虫体乳白色，肠管黑色穿行于体内。雄虫长30～80毫米，雌虫长30～100毫米。虫卵椭圆形，大小为(120～130)微米×(70～90)微米，卵内含有已发育的幼虫。

（2）**流行病学**　成年羊比幼年羊的感染率高，但羔羊感染症状严重。虫卵主要适宜于在潮湿、温暖的条件下发育，因此在潮湿的草原上或水域附近的草场上放牧的羊感染发病率较高。

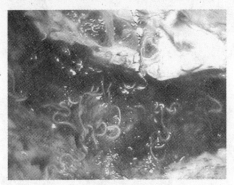

图 4-12　气管内寄生的肺线虫

（3）**临床症状与病变**　患畜表现出强烈而粗粝的咳嗽，在被驱赶和夜间休息时最明显，严重时呼吸浅表，迫促并感痛苦。患畜常从鼻孔流出黏液，逐渐消瘦，精神萎靡，放牧时落后于畜群，喜躺卧，呼吸困难,最后因长期消瘦,食欲减退,呼吸困难,而致死亡。

(4)**诊断**　根据症状和流行病学特点,结合粪便检查加以确诊。应用幼虫分离法检查粪便中有无幼虫。死后剖检在支气管、气管中发现一定量的虫体和相应病变亦可确诊(见图4-12)。

(5)**防治**　在本病流行地区,放牧前和放牧后各进行一到两次驱虫。不在潮湿低洼地区放牧。幼畜与成年家畜分群放牧等。

治疗可用下述药物:

①左咪唑:剂量为8毫克/千克体重,一次口服;或羊按5～6毫克/千克,配成注射液皮下或肌肉注射,均有较高的疗效。

②海群生:剂量为100毫克/千克体重,一次口服;或配成30%溶液肌肉注射,必要时可隔数日重复注射2～3次。

③苯硫咪唑:剂量为5毫克/千克体重,可直接投服或配成悬浮液灌服。

第五章
家禽的疫病

一、家禽的传染病

1.新城疫

新城疫是由新城疫病毒引起的急性、高度接触性、败血性鸡和多种禽类传染病,主要特征是呼吸困难、下痢、神经紊乱、黏膜和浆膜出血。

诊断要点

(1)流行病学　鸡最易感,火鸡、鸭、鹅、鹌鹑、鸽等亦可感染发病。本病一年四季均可发生,尤以寒冷和气候多变季节多发。随着我国集约化养鸡业的兴起与发展,人们开始重视本病的预防工作,但是本病仍会发生,而且有了新的变化,其表现为发病率不高、临床症状不明显、病理变化不典型、死亡率低,即"非典型性新城疫"。本病可经消化道、呼吸道感染。

(2)临床症状　病鸡食欲减退或废绝,有渴感,精神萎靡。鸡冠及髯渐变成暗红色或暗紫色。病鸡咳嗽,呼吸困难,有黏液性鼻漏,常伸头、张口呼吸,并发出"咯咯"的喘鸣声或尖锐的叫声。嗉囊内充满液体内容物,倒提时常有大量酸臭液体从口内流出。粪便稀薄,呈黄绿色或黄白色,有时混有少量血液,后期排出蛋清样的排泄物。

翅、腿麻痹,跛行或站立不稳,头颈向后或向一侧扭转,常伏地旋转,动作失调,反复发作,最终瘫痪或半瘫痪。产蛋鸡群发生时,主要表现为呼吸道症状和少数神经症状的鸡,产蛋量下降,软壳蛋增多,有少量鸡死亡。

(3)**病理变化** 病死鸡全身黏膜和浆膜出血,淋巴组织肿胀、出血和坏死,出血尤其以消化道和呼吸道最为明显。腺胃乳头出血(见图 5-1),肌胃角质层下也常见有出血点。从小肠到盲肠和直肠黏膜均有大小不等的出血点,肠黏膜上有纤维素性坏死性病理变化,有的形成假膜,假膜脱落后即成溃疡。盲肠扁桃体肿大、出血和坏死泄殖腔弥漫性出血(见图 5-2)。喉头黏膜出血。气管出血或坏死。产蛋母鸡的卵泡和输卵管显著充血,卵泡膜极易破裂以致卵黄流入腹腔引起卵黄性腹膜炎。免疫鸡群发生新城疫时,仅见喉头和气管黏膜充血,腺胃乳头出血少见,但剖检数量较多时,可见有腺胃乳头出血病例,直肠黏膜和盲肠扁桃体多见出血。

图 5-1　腺胃乳头出血　　　　图 5-2　坏死泄殖腔弥漫性出血

防治方法

加强鸡群的饲养管理,认真贯彻落实鸡场兽医卫生综防措施,采取严格的生物安全措施,防止新城疫病毒进入禽群;保障鸡的正常生长发育,增强其机体抵抗力,减少疫病传播机会。

制定科学合理的免疫程序,提高禽群的特异性免疫力。在鸡7~10日龄用Ⅳ系或克隆 30 疫苗滴鼻、点眼;1 月龄后同上二免;3月龄用Ⅰ系疫苗免疫;5月龄用油佐剂疫苗免疫。或者7～10日龄用Ⅳ系疫苗或克隆30疫苗滴鼻、点眼,同时皮下或肌肉注射油佐剂疫苗0.2毫升;2月龄用Ⅰ系疫苗免疫;5月龄用油佐剂疫苗免疫。

产蛋鸡或种鸡于7～10日龄首免,在用弱毒苗对其进行滴鼻、点眼的同时,每羽注射半个剂量的油佐剂灭活苗。二免在开产前进行,每羽注射油佐剂苗1头份。肉用仔鸡于7～10日龄首免,在用弱毒苗对其进行滴鼻、点眼的同时,每羽注射半个剂量的油佐剂灭活苗。

2.鸡马立克氏病

鸡马立克氏病是由鸡马立克氏病毒引起的以淋巴细胞增生为特征的肿瘤性疾病。以外周神经和虹膜、皮肤在内的各种器官及组织的单核性细胞浸润和形成肿瘤为特征。

诊断要点

(1)流行病学　鸡对本病的易感性最强,尤其是1日龄雏鸡的易感性最高。随着鸡年龄的增长其易感性下降,雏鸡感染几个月后才表现临床症状。本病多发生于3～5月龄鸡。病鸡和带毒鸡是主要的传染源,经呼吸道感染。病鸡可长时间向外界排毒,马立克氏病病毒可通过在羽毛囊上皮细胞内形成具有很强感染性的完全病毒,随羽毛囊上皮细胞的脱落而排到自然环境中,这种完全病毒对外界理化因素有较强的抵抗力,污染环境并在外界环境中生存数月,甚至数年。

(2)临床表现与病理变化　本病按临床表现和病理剖检变化通常分4种类型:神经型、内脏型、皮肤型和眼型。

①神经型:又称"古典型"、"慢性型",病鸡常见"劈叉"或站立不起、侧卧等姿势。病鸡翅膀下垂。嗉囊膨大,食物不能下行。低头或斜颈。常常因饮不到水而脱水,吃不到饲料而衰竭,或被其他鸡践踏而死亡,病鸡多数被淘汰。死淘鸡剖检多见腰间神经、坐骨神经增粗、水肿。受害神经横纹消失,变为灰白色或黄白色,有时呈水肿样

外观,局部或弥漫性增粗可达正常的 2～3 倍以上。病变常为单侧性。内脏器官肌肉和皮肤也可受害。正常的神经纹理不清或消失。多侵害一侧神经。

②内脏型:又称"急性型",病鸡颜面苍白,鸡冠发育不良,有的极度消瘦,可见拉稀。有的鸡冠呈紫黑色,喜卧,精神沉郁。病鸡内脏多种器官出现略突出于脏器表面,形状为圆形或近似圆形,切面呈脂肪样灰白色结节性肿瘤。常侵害的脏器有肝脏、脾脏、性腺、肾脏、心脏、肺脏、腺胃等(见图 5-3)。有的肝脏上不见结节性肿瘤,但肝脏异常肿大,比正常肝脏大 5～6 倍,正常肝小叶结构消失,表面呈粗糙或颗粒性外观(见图 5-4)。常见性腺肿瘤,有时整个卵巢被肿瘤组织取代。腺胃肿大,胃壁增厚或薄厚不均,切开后腺胃上有溃疡、乳头消失,黏膜出血、坏死。

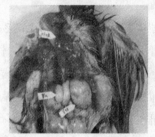

图 5-3　内脏型常侵害的脏器　　图 5-4　肝脏异常肿大

③皮肤型:病鸡毛囊肿大或皮肤结节。

④眼型:病鸡视力减退或失明。眼睛虹膜褪色,瞳孔边缘不整齐。

常见病变部位是外周神经,受害神经横纹消失,变为灰白色或黄白色,有时呈水肿样外观,局部或弥漫性增粗可达正常的 2～3 倍以上。病变常为单侧性。内脏器官肌肉和皮肤也可受害。在内脏器官和组织中可见大小不等、颜色灰白、质地坚硬而致密的肿瘤块。法氏囊通常萎缩。皮肤病变常与羽囊有关,但不限于羽囊,病变可融合成片,呈清晰的白色结节。

以上4种临床类型以神经型和内脏型马立克氏病多见,有的鸡群发病以神经型为主,内脏型较少,这种情况鸡群因本病造成的损失不大,死亡率仅在5%以下。而且当鸡群开产前本病流行基本平息。有的鸡群发病以内脏型为主,兼有神经型的病鸡出现,此种情况较多,危害大,损失严重,常造成较高的死亡率,而且流行时间长,其他2种类型马立克氏病在实践中较少见到。

防治方法

本病是由病毒引起的肿瘤性疾病,一旦发生没有任何措施可以制止它的流行和蔓延,更没有特效的治疗药物。防治本病的关键是切实做好免疫接种工作。

1日龄皮下或肌肉注射马立克疫苗0.2毫升,应含2000以上病毒蚀斑单位(PFU)。对于种鸡群,推荐使用双价苗和细胞结合苗。

加强饲养管理,减少应激因素对鸡群的影响,不断提高兽医卫生综合防治水平也是防治鸡马立克氏病的重要措施。

3.鸡传染性法氏囊病

鸡传染性法氏囊病是由传染性法氏囊病病毒引起的,主要危害幼龄鸡的急性、高度接触性传染病。以突然发病,病程短,发病率高,腹泻,法氏囊水肿、出血、有干酪样渗出物为特征。雏鸡感染后,可导致免疫抑制,并可诱发多种疫病或使多种疫苗免疫失败。

诊断要点

(1)流行病学 自然感染仅发生于鸡,各种品种的鸡都能感染,3～6周龄的鸡最易感。

病鸡是主要传染源,其粪便中含有大量病毒,污染饲料、饮水、垫料、用具、人员等,通过直接和间接接触传播。病毒可持续存在于鸡舍中,污染环境中的病毒可存活122天。小粉甲虫蚴是本病传播媒介。本病一年四季均可发生。

(2)临床表现 本病常突然发生,由于潜伏期短,导致本病在鸡群中迅速蔓延。病鸡精神不振、食欲下降或不食。病鸡喜卧,羽毛蓬松,或卧地不起,可见病鸡身体震颤。有下痢、白色水样稀粪。发病后1~2天病鸡死亡明显增多且呈直线上升,4~5天达到死亡高峰,其后迅速下降。病程约1周。若继发感染其他传染病,如新城疫,会加重病情,增加死亡,病程可达半月之久。鸡群如发生本病常造成20%~30%的死亡,若有继发感染,死亡率可达40%以上。

鸡群若在育雏早期感染本病,多表现为没有明显临床表现的隐性感染。鸡虽然死亡不多,但法氏囊受到严重损害,结果造成该鸡群严重的免疫抑制,致使以后任何免疫接种效果甚微或根本无效,增加了鸡群对多种疫病的易感性,造成的后果是严重的,产生的经济损失是无法估量的。

(3)病理变化 病死鸡脱水现象明显,两条腿干枯,皮下干燥。胸肌出血,出血严重的在胸腹肌表面可见有大小不一的出血斑点或条带。有的病死鸡仅表现为有散在的出血点。腿肌肉出血。如果鸡群经1~2次免疫后仍发病,胸腹肌的出血多不明显或轻微,但有时也可见到少数鸡有严重的出血。腺胃和肌胃交界处有出血带或出血斑点。肾肿胀、色淡、苍白,尿酸盐沉积使肾呈花斑状。法氏囊肿大,浆膜下水肿,呈胶胨样,外观呈黄色。皱褶黏膜水肿、增厚,黏膜出血,囊腔内有紫红色分泌物。病程稍长者可见有黄色纤维素性渗出物。有的法氏囊除肿大、水肿外,整个囊呈紫红色,形如紫葡萄。切开后囊壁较厚,囊内皱褶均为紫红色,囊腔内有紫红色分泌物,整个法氏囊出血。有的法氏囊过早地退化。有的囊肿大,触之坚实,切开后可见囊内充满黄色干酪样物,由于干酪样物的压迫,囊壁变薄,皱褶消失。

防治方法

认真贯彻执行鸡场兽医卫生综合防治措施,对雏鸡舍和发生过本病的鸡舍要进行严格彻底消毒,种鸡场还应做好各生产环节的卫生消毒工作。用酚制剂、福尔马林和强碱等消毒液效果较好，可根据情况选用。

为防止育雏早期的隐性感染和提高雏鸡阶段的免疫效果，种鸡场在鸡群开产前用油佐剂灭活苗进行预防接种，使种鸡在整个产蛋周期内，经种蛋传递的母源抗体水平保持相对稳定并达到抗体水平的持久、一致，种鸡在 40～42 周龄时再用油佐剂灭活苗免疫一次，才能保证种鸡场出售的种蛋和雏鸡不仅有一定水平的母源抗体，而且母源抗体水平均匀，同时可有效地预防早期隐性感染。10～14 日龄用中等毒力疫苗饮水免疫；25～30 日龄同上二免。对后备种鸡群，5月龄时注射油佐剂疫苗；10 月龄时应再注射一次油佐剂疫苗，以保持子代有较稳定的母源抗体。

4.鸡产蛋下降综合征

鸡产蛋下降综合征是由禽类腺病毒引起的，以鸡群体性产蛋下降为特征的传染病。

诊断要点

(1)流行病学　鸡对本病最易感，但鸭、鹅及野禽中也广泛存在本病毒的抗体。24～36 周龄的鸡易发生感染。任何品种的鸡均能感染发病，但以产褐壳蛋的鸡种多发。本病以垂直感染为主，水平感染较缓慢且不连续。幼龄鸡感染不表现临床症状，体内也查不到抗体，当性成熟时体内病毒才开始活化，测到抗体。成年鸡发病，仅表现群体性产蛋下降，病鸡同样无明显临床症状。本病一年四季均可发生。

(2)临床表现　感染鸡群以突然发生群体性产蛋下降为特征。病鸡群的精神、采食和饮水无明显的变化，在发病程中死淘率不见增多。鸡群产蛋率可下降 20%～30%，有时可达 40%～50%。除产蛋下降外，还会产无壳蛋、软壳蛋、薄壳蛋、鸡蛋表面如石灰样等畸形蛋，蛋壳颜色由褐色变为浅白或粉皮蛋。鸡蛋白稀薄如水样，卵黄与蛋白分离,有的蛋白中混有血液。种蛋孵化率降低,且其中以软壳蛋比例最大。

产蛋下降可持续 4～8 周,10 周以后开始好转,鸡群产蛋可接近原有水平,鸡蛋颜色、形状、蛋白质量均恢复正常。有的发病群,可见鸡腹泻。

(3)**病理变化** 发病鸡群很少死亡。无特异的病理变化。

本病诊断主要依靠流行特点及临床表现,特别是对鸡蛋的各种变化进行综合分析和判断,因此不难作出诊断。

防治方法

本病防治主要靠疫苗接种。4 月龄后用油佐剂灭活苗免疫。

产蛋下降综合征油佐剂苗在国内已广泛使用,效果很好。凡是流行过本病的鸡场或地区,以及受威胁区,在鸡开产前每只鸡注射疫苗 0.5 毫升即可。

5.鸡痘

鸡痘是由痘病毒引起的一种急性传染病。

诊断要点

(1)**流行病学** 本病易感动物以鸡为主。病鸡是主要的传染源。任何年龄的鸡均可感染。本病主要通过皮肤、黏膜、呼吸道感染。蚊虫叮咬也可传播本病。因此,本病在夏秋季蚊虫多的季节多发。饲养管理粗放、鸡群密度大、环境卫生条件差、营养状况差和体外寄生虫等因素可加重病情,造成较大损失。

(2)**临床表现** 本病以雏鸡、育成鸡多发且较严重,可使鸡生长发育迟缓,成年鸡发病可影响产蛋量。本病临床上分为三种类型。

①皮肤型:鸡痘在鸡冠、肉垂、眼睑和身体无毛的部位发生结节状病灶。该型鸡痘呈良性经过,对鸡的精神、食欲及成年鸡产蛋无过大的影响,无继发感染,死亡率低。

②黏膜型:在口腔、咽喉处出现溃疡或黄白色伪膜,又称"白喉

型"。伪膜强行撕下可见出血的溃疡。另在气管前部也见有隆起的灰白色痘疹,散在或融合在一起,气管局部见有干酪样渗出物。由于呼吸道被阻塞,病鸡常因窒息而死,此型鸡痘可致大量鸡死亡,死亡率可达 20% 以上。

③混合型:鸡群发病兼有皮肤型和黏膜型的临床表现。本病若有继发感染,损失较大。尤其是当鸡在 40~80 日龄时发病,常可诱发产白壳蛋、白羽轻型鸡种和肉鸡的葡萄球菌病。

(3)病理变化　单纯的痘病毒感染,内脏无特征性病变,若是发生继发感染致死的鸡,可见继发症的特征性病理变化,如鸡葡萄球菌病。

本病根据流行特点以及皮肤、咽喉及气管处特征表现和变化,不难作出诊断。

防治方法

加强饲养管理,认真执行兽医卫生防疫措施,提高鸡抵抗力。

发病后应针对继发症选择有效治疗药物,可明显降低损失。

搞好鸡群的预防接种。接种方法以刺种为宜。在鸡 20 日龄左右刺种一次,另一次免疫应在鸡群开产前进行。

6.禽脑脊髓炎

禽脑脊髓炎是侵害幼龄鸡的一种病毒性传染病,以病鸡表现共济失调和快速震颤(特别是头颈部的震颤)为特征,故又称"流行性震颤"。

诊断要点

(1)流行病学　本病的易感动物以鸡为主,其次是火鸡、鹌鹑、雉鸡。本病的传播方式以蛋传播为主,成年种鸡群感染后,在其 3~4 周内所产种蛋中带有病毒,这样的种蛋除在孵化过程中出现死胚外,孵出的雏鸡在 1~20 日龄内发病死亡。

本病还可水平感染,鸡感染后可由粪便向外界排毒。幼龄鸡感染后排毒时间长,3～4周龄以上鸡感染排毒时间短。病毒对外界理化因素有较强抵抗力,可长时间保持感染性。在自然条件下本病传播以消化道感染为主,被污染的饲料、饮水、用具,甚至人员来往,均是主要传播因素。鸡场兽医卫生防疫措施不严可造成场内栋舍间的传播,平养鸡较笼养鸡传播迅速。

本病一年四季均可发生。

(2)临床表现 经种蛋感染引起发病的鸡群,潜伏期较短,为1～7天。自然发病集中在1～2周龄,但鸡出壳后不久就可发现病雏,早期见病雏精神稍差,眼神稍见愚钝,不愿走动。继而由于肌肉不协调引起渐进性共济失调,特别是在驱赶鸡群时明显可见。病鸡常用跗关节着地或蹲卧,受到惊扰时,病雏行走步态不稳,不时侧卧或跌倒。进一步发展对刺激反应明显迟钝,头颈部震颤,用手触摸时可明显感觉到。病鸡震颤的强度、频率以及持续时间是有差别的。有的病鸡仅表现共济失调,有的仅有震颤,有的两者兼有。少部分鸡不见明显临床表现。最后病雏倒卧,呈各种姿势,最终衰竭而死。

部分病鸡可耐过存活,并且有些鸡症状可完全消失。在实践中曾发现育成鸡(80日龄左右)有一侧或双侧眼失明,可见晶状体混浊呈灰白色。病鸡外观与正常鸡一样。

雏鸡发病率为40%～60%,死亡率为20%～30%。

水平感染发病的鸡群,潜伏期为10～30天。但1个月龄以上的鸡感染无明显症状。成年鸡感染可出现短暂时间(约2周)的产蛋下降,下降幅度在5%～15%,之后产蛋量可恢复。

(3)病理变化 无可见特征性病变。

防治方法

鸡群一旦发病无特效治疗药物。防治本病应做到以下几方面:

①不从病场购买种蛋或雏鸡。

②加强饲养管理,严格执行兽医卫生防疫措施。

③种鸡场应考虑将本病免疫接种纳入免疫程序。

7.病毒性关节炎

病毒性关节炎是由病毒引起的鸡和火鸡的一种传染病。本病使鸡发生跛行、增重变慢、饲料转化率降低。

诊断要点

(1)流行病学　本病主要发生于肉鸡,其次是蛋鸡和火鸡。本病的发生与鸡的日龄有着密切关系,日龄小的鸡易感性强,1日龄雏鸡最易感。随着日龄的增加易感性降低,大日龄鸡虽可感染但病情不严重,潜伏期也较长。病鸡可通过粪便长时间排毒。病毒可长期存在于盲肠、扁桃体和跗关节内,因此带毒鸡是主要传染来源。本病可经呼吸道、消化道传播。水平感染是主要的传播方式,垂直感染也有可能,但经蛋传播率较低。

(2)临床表现　自然感染发病多见于4～7周龄的鸡。本病感染率高达10%,但死亡率通常不超过6%。在急性感染期,病鸡表现跛行,慢性感染跛行更为明显,少数病鸡跗关节不能运动。病鸡常常因跛行而被淘汰。部分鸡生长发育受阻,增重下降。

有些鸡感染本病后没有明显症状,但屠宰时可发现腓肠肌腱和趾曲肌腱肿大,有的出现肌腱的断裂。

(3)病理变化　自然感染病鸡主要见跖屈肌腱和跖伸肌腱的肿大。跖屈肌腱鞘水肿,爪垫和跗关节一般不肿大,附关节内常见有少量草黄色或血样渗出物。个别病例关节内有多量脓性分泌物。慢性病例健鞘硬化和粘连,关节软骨上有凹隐的溃烂等变化。

防治方法

对鸡舍及环境进行彻底地清扫、冲洗和消毒。碱性溶液或0.5%有机碘液消毒效果较好。

在疫区,应对种鸡群进行免疫接种。母源抗体可保护初生雏鸡避免感染,同时也可降低经卵传播的可能性。

1日龄雏鸡接种弱毒疫苗可有效地预防感染,但本病疫苗弱毒株能干扰马立克氏疫苗的免疫效果。因此,父母代种鸡场很少采用这种免疫方法。

在本病高发地区,商品肉用仔鸡可考虑使用病毒性关节炎疫苗。

8.鸡传染性支气管炎

鸡传染性支气管炎是由病毒引起的急性、高度接触性呼吸道传染病。其特征是病鸡咳嗽、喷嚏和气管发生啰音。雏鸡出现流涕,产蛋鸡产蛋量下降且产蛋品质差。

诊断要点

(1)流行病学　本病仅发生于鸡,但小雉可感染发病。各种年龄的鸡都可发病,但雏鸡最为严重。本病主要是病鸡从呼吸道排出病毒,经空气飞沫传染给易感鸡。此外,也可通过饲料、饮水等,经消化道传染。病鸡康复后可带毒49天左右,在约35天内都具有传染性。本病无季节性,传播迅速,几乎在同一时间内有接触史的易感鸡都发病。日龄稍大或成年鸡,死亡率低。以肾病变型为主的传染性支气管炎多见于育雏阶段的鸡,死亡率10%~40%。本病一年四季均可发生。

(2)临床表现　突然出现呼吸症状,并迅速波及全群是本病的特征。4周龄以下的鸡常表现伸颈、张口呼吸、喷嚏、咳嗽、啰音,个别鸡鼻窦肿胀,流黏性鼻汁,眼泪多,逐渐消瘦。5~6周龄以上鸡,突出症状是啰音、气喘和微咳,同时伴有减食、沉郁或下痢症状。成年鸡出现轻微的呼吸道症状,产蛋鸡产蛋量下降,产软壳蛋、畸形蛋或粗壳蛋,鸡蛋质量下降,蛋清稀薄如水样,蛋黄与蛋清分离。病程1~2周,有的拖延至3周。雏鸡的死亡率可达25%,6周龄以上的鸡死亡率很低。

(3)病理变化　病死鸡的气管、支气管、鼻腔和窦内有浆液性、卡他性和干酪样渗出物。气囊可能混浊或含有黄色干酪样渗出物。在死亡鸡的后段气管或支气管中可能有一种干酪性的栓子。在大支气管周围可见到小灶性肺炎。产蛋母鸡的腹腔内有液状的卵黄物质，卵泡充血、出血、变形。18 日龄以内的幼雏，有的见输卵管发育异常，致使成熟期不能正常产蛋。以肾病变型为主的病死鸡，呼吸道多数无明显可见变化，部分鸡仅有少量分泌物。最主要的变化是肾脏明显肿大，肾小管和输尿管充盈尿酸盐而扩张。肾脏外观呈现花斑状（见图 5-5）。

图 5-5 花斑状肾脏外观

防治方法

本病无特效治疗药物。平时主要靠加强鸡群饲养管理，认真执行兽医卫生综防措施防治本病。另外，鸡群进行接种疫苗，雏鸡阶段可选用新城疫—传染性支气管炎二联苗，或 H_{120} 弱毒苗，育成鸡接近开产时可选用 H_{52} 弱毒苗，根据本地情况制定合理的免疫程序做好预防工作。8～10 日龄用 H_{120} 疫苗首先滴鼻或点眼；3 周龄时用 H_{52} 饮水免疫；4 月龄时用油苗注射。

9. 鸡传染性喉气管炎

鸡传染性喉气管炎是由病毒引起的一种急性呼吸道疾病。

诊断要点

(1) 流行病学 鸡对本病最易感，各种年龄的鸡均可感染发病。但以育成鸡和成年产蛋鸡多发。褐羽褐壳蛋鸡种发病后较为严重。病鸡和康复后带毒鸡是本病主要传染源。本病主要通过呼吸道传播。

鸡群一旦出现本病,可迅速波及全群,死亡率在 10%～20%。鸡群发病后可获得较坚强的保护力,康复鸡在一定时间内带毒并向外界排毒,这可成为易感鸡群发生本病的主要传染源,应引起重视。本病一年四季均可发生,尤以秋、冬、春季多发。

(2)临床表现 病鸡伸颈张口吸气,低头缩颈呼气,闭眼呈痛苦状。多数鸡表现精神不好,食欲下降或不食,鸡群中不断发出咳嗽声,病鸡甩头。有的病鸡伴随着剧烈咳嗽,咯出带血的黏液或血凝块,挂在丝网或其他鸡身上。当鸡群受到惊扰时,咳嗽更为明显。检查口腔,可见喉部有灰黄色或带血的黏液,见干酪样渗出物。

本病发生后鸡群中很快出现死鸡。产蛋鸡发病可致产蛋量下降。产蛋下降的程度,高于慢性呼吸道疾病,但低于鸡传染性鼻炎。

本病病程 15 天左右。发病后约 10 天鸡的每天死亡数量开始减少,鸡群状况开始好转。

(3)病理变化 发病初期,病死鸡喉头、气管可见带血的黏性分泌物或条状血凝块。中后期,死亡鸡喉头气管黏膜附有黄白色黏液,或有黄色干酪样物并在该处形成栓塞,病鸡多因窒息而死。

防治方法

认真执行兽医卫生综合防疫措施,加强饲养管理,提高鸡群健康水平,改善鸡舍通风条件,降低鸡舍内有毒有害气体的含量,坚决执行全进全出的饲养制度,严防病鸡的引入等。

本病没有特效治疗药物,除加强管理、做好病鸡消毒等各项工作外,还可以根据鸡群健康状况给予抗生素防止细菌性疾病的继发感染。

鸡场发病后可考虑将本病的疫苗接种纳入免疫程序。用鸡传染性喉头气管炎弱毒苗给鸡群免疫,首免在 50 日龄左右,二免在首免后 6 周,即鸡 90 日龄左右进行。免疫方法可滴鼻、点眼或饮水。本病弱毒苗接种后鸡群有一定的反应,轻者出现结膜炎和鼻炎,严重者可引起呼吸困难,甚至部分鸡死亡,剖检变化与自然病例相似,故应用时严格按说明书规定执行。国内生产的另一种疫苗是传染性喉气管炎—鸡痘二联苗,也有较好的防治效果。

10.鸡白痢

鸡白痢是由鸡白痢沙门氏菌引起的各种年龄鸡均可发生的传染病。有的表现为急性、败血性经过,有的则以慢性感染为主。

诊断要点

(1)流行病学 各种品种的鸡对本病均有易感性,以 1～3 周龄以内雏鸡的发病率和病死率为最高,呈流行性。成年鸡感染呈慢性或隐性经过。本病是鸡的卵传性疾病,种鸡场如被本菌所污染,种鸡中就有一定比例的病鸡或带菌鸡,这些鸡所产的种蛋,在孵化过程中可造成胚胎死亡,孵出的雏鸡有弱雏、病雏。同时本病在同群鸡中又可以互相感染传播,雏鸡和雏火鸡两者的症状相似。潜伏期 4～5 天,出壳后感染的雏鸡,多在孵出后几天才出现明显症状。7～10 天后雏鸡群内病雏逐渐增多,在第 2、3 周达高峰。发病雏鸡呈最急性者,无症状迅速死亡。稍缓者精神委顿,绒毛松乱,两翼下垂,缩颈闭眼昏睡,不愿走动,拥挤在一起。多数出现软嗉症状。同时腹泻,肛门周围绒毛被粪便污染,常发生尖锐的叫声。有的病雏出现眼盲,或肢关节肿胀,呈跛行症状。病程短的 1 天,一般为 4～7 天,20 天以上的雏鸡病程较长,且极少死亡。耐过鸡生长发育不良,成为慢性患者或带菌者。

病鸡和带菌鸡是本病的传染源,主要通过消化道感染。成鸡白痢是造成产蛋率不高和成年鸡死淘增加的主要原因之一。青年鸡也可以发生白痢,所造成的损失比雏鸡白痢和成鸡白痢大。本病一年四季均可发生,本病所造成的损失与种鸡场本病净化程度、鸡群饲养管理水平以及防治措施是否得当有着密切关系。

(2)**临床表现** 不同日龄的鸡白痢病的发生与临床表现有较大差异。雏鸡白痢是鸡场常见病之一。雏鸡在5～6日龄时开始发病，2～3周龄是雏鸡发病和死亡高峰，污染程度大的种鸡场其后代白痢严重，可造成雏鸡20％～30％的死亡，甚至更高。病鸡精神沉郁，低头缩颈，羽毛蓬松，食欲下降，少食或不食。体温升高，怕冷寒战，病雏扎堆挤在一起，闭眼嗜睡，排出灰白色稀便，泄殖腔周围羽毛常被粪便所污染，由于排便次数多，肛门被干燥粪便糊住。病雏排便困难，努责、呻吟。有的病雏喘气、呼吸困难。有的关节肿大，行走不便、跛行。有较明显的死亡曲线。防治好的，病雏逐渐减少，能达到较满意的育雏成活率，但育雏期间的成活率虽高，不代表雏鸡群鸡白痢沙门氏菌的污染程度低，只有从种鸡场入手，搞好鸡白痢的净化工作，才能大幅度降低雏鸡的感染率。

图 5-6　病死鸡内脏

中鸡(育成鸡)白痢多发生于40～80日龄，地面平养的鸡群发生此病较网上和育雏笼育成鸡发生的要多。从品种上看，褐羽产褐蛋鸡种发病率高。另外，育成鸡发病多与鸡群密度过大，卫生条件恶劣，饲养管理粗放，气候突变，饲料突然改变或饲料品质低下等有关。本病发生突然，大部分鸡食欲、精神尚可，但鸡群中不断出现精神食欲差和下痢的鸡，常突然死亡。每天都有数量不一的鸡死亡。病程较长，可拖延20～30天，死亡率可达10％～20％。成年鸡白痢多呈慢性经过或隐性感染。一般不见明显的临床症状,当鸡群感染比例较大时,产蛋高峰不高,维持时间亦短,死淘率上升。有的鸡表现鸡冠萎缩,有的鸡开产时鸡冠发育尚好,以后鸡冠逐渐变小、发绀。病鸡时有下痢。仔细观察鸡群可发现有的鸡产蛋量下降或不产蛋。

(3)病理变化 病死鸡心肌、肺、肝(见图5-6)、盲肠、大肠及肌胃肌肉中有坏死灶或结节;盲肠中有干酪样物堵塞肠腔;育成阶段的鸡肝肿大,表面可见散在或弥漫性的出血点或黄白色的粟粒大小坏死灶,易破裂,腹腔内积有大量血水,肝表面有较大的凝血块。成年母鸡卵子变形、变色,呈囊状,有腹膜炎。

防治方法

雏鸡白痢的防治,通常在雏鸡开食时,便在饲料或饮水中添加抗菌药物,可取得较为满意的效果。但不能长时间使用一种药物,更不要一味加大药物剂量,应考虑到有效药物在一定时间内交替、轮换使用,药物剂量要合理。防治要有一定的疗程。

微生物制剂对防治畜禽下痢有较好效果,该制剂具有安全、无毒、不产生副作用、细菌不产生药性、价廉等特点。常用的有促菌生、调痢生、乳酸菌等。在用这类药物时前后4~5天应该禁用抗菌药物。

育成鸡白痢病要早治疗,一旦发现鸡群中病死鸡增多,确诊后立即全群给药,可投氟哌酸等药物,先投服5天后,间隔2~3天再投服5天,以防疫情的蔓延扩大。同时加强饲养管理,消除不良因素对鸡群的影响,可以缩短病程,最大限度地减少损失。

11.鸡慢性呼吸道疾病

鸡慢性呼吸道疾病是由支原体引起的呼吸道疾病。

诊断要点

(1)流行病学 本病是鸡的卵传性疾病。在各种类型的鸡场中带菌现象极为普遍,是养鸡生产中常见多发病。但是本病的发生具有明显的诱因。如气候的骤变,昼夜温差大等致鸡群受冷而发病;鸡群密度大,舍内通风不良,尤其是冬季舍内氨气浓度过大,水槽或乳头饮水器质量差,粪便潮湿产生大量氨气。此外,鸡群发生传染性鼻炎、传染性喉气管炎、传染性支气管炎时常导致本病的继发感染。

本病可侵害各种年龄的鸡。一般情况下发病率不高。单纯的慢性呼吸道疾病鸡死亡不太严重。但发生本病时极易与大肠杆菌混合感染,使病情复杂化,鸡群的死淘率增加。在肉用仔鸡的饲养过程中可经常见到此现象。

本病一年四季均可发生,但以气候多变和寒冷季节时发生较多。饲养管理较好的鸡群较少发生,环境条件差,饲养管理粗放的鸡群发生较多。其他传染病防治效果好的鸡群发生少,饲养管理条件差的鸡场,发生频繁,损失严重。

(2)临床表现 本病有发病急、传播慢、病程长的特点。在多种不利因素的影响下,鸡群常突然发病,发病率与外界不良因素作用的强度有关,不同鸡群、不同季节、不同饲养管理条件下发病率相差较大。一般发病率仅百分之几,多的可达 10%,严重者为 20% 以上。单纯发生时,鸡群首先出现呼吸道症状,尤其在夜间可明显听到鸡群中有喘鸣音。病鸡流泪,眼睑肿胀,严重的双眼紧闭,病鸡无精神,低头缩颈站立。病程长的眼内见有大小不一的干酪样物,严重时压迫眼球可致失明。眶下窦肿胀,双侧均可肿大致使颜面肿胀,眶下窦的肿胀一般是可逆的,当病愈后肿胀消退。有的病程长,窦内渗出物呈干酪样导致骨质疏松而呈永久性肿胀。鼻孔常见浆性、黏性分泌物。鸡精神、食欲差,但很少发生死亡。有的鸡病程过长,得不到有效治疗,最后衰竭而死。育雏、育成阶段发病,可使生长发育受阻,成年鸡发病影响产蛋。

如若在发病过程中与大肠杆菌混合感染,则病情加重。病鸡精神差、不食、下痢,鸡群死淘率明显增加,但鸡只死亡无明显高峰期。

若本病继发于其他疾病发生过程中,病鸡主要表现原发病的主要症状,本病的继发加重了原发感染的病情,造成更大损失。

(3)**病理变化**　病死鸡消瘦、发育不良。剪开喉头气管可见黏膜肿胀,黏膜表面有灰白色黏液,喉头部尤为明显,喉头黏膜水肿,分泌物多,有黄色纤维素性渗出物,严重的呈干酪样堵塞在喉裂处致病鸡窒息而死。内脏各器官不见特征性病变,但气囊多有变化,气囊壁增厚、混浊、变为不透明,囊内有数量不等的纤维素性渗出物。

死于与大肠杆菌混合感染的鸡,除上述病理变化外,常见心包炎,心包增厚,不透明,心包积有多量淡黄色液体,有的可见心外膜炎、肝包膜炎或称肝气囊炎,多见胸腹气囊增厚,囊内有大量黄色渗出物或呈干酪样,严重的干酪样物几乎充满气囊,有的病死鸡还见输卵管炎、卵黄性腹膜炎。

若属继发感染,在病理剖检中见有原发疾病的病理变化。

防治方法

发生本病有明显的诱因,在平时的饲养工作中,要加强鸡场的管理,改善鸡舍通风条件,经常维修设备,做好主要病毒病的防治工作,减少应激因素对鸡群的影响是预防本病发生的关键。

鸡群一旦发生本病,迅速查清诱发本病的因素,立即采取有效措施,改善饲养管理,尽快改善环境条件,有利于提高治疗效果,在最短的时间内控制本病。

治疗本病的药物品种较多,在治疗中要注意以下几种不同情况。

鸡群中仅有少数鸡发病,而且没有传播流行趋势。应采取对病鸡单独治疗。可选用链霉素,成年鸡每日用量 20 万单位。或用兽用卡那霉素,成鸡每次日用量 2 万单位。早晚各注射一次,连用三天,可明显消除临床症状。

鸡群发病后,引起发病的诱因不能在短时间内消除或改善,鸡群发病又有继续蔓延趋势,此时治疗原则应采取病鸡单独治疗与大群防治相结合。单独治疗方法同上。同群鸡在饮水中加入泰乐菌素等药物。

病死鸡经剖检确诊与大肠杆菌混合感染时,治疗应以控制大肠杆菌为主,而且采取全群给药的方法。有条件的地方应分离大肠杆菌进行药敏试验选择敏感药物,或选用本鸡场过去少用的抗生素,可获得满意效果。如氟哌酸(0.03%~0.04%拌料),连续投服 4~5 天,或用可溶性新霉素饮水,连用 4~5 天。

若本病继发于其他原发性疾病,采取的措施应以针对原发病防治为主。可在饮水或饲料中添加抗菌药物如泰乐菌素等,以减少本病的继续发生,降低由于继发感染而造成的死亡。

对 60 日龄以内的鸡群,尤其是给肉用仔鸡进行新城疫气雾免疫时,在疫苗中可适量添加药物防止由于气雾免疫而激发本病。可添加链霉素、土霉素盐酸盐等药。链霉素可按每只鸡 500 单位添加。

除药物防治外,种鸡场可考虑用疫苗接种来防治本病。国内外均有疫苗生产,经一些种鸡场的应用,已取得较满意的效果。本病在种鸡场的净化工作尚未建立有效、切实可行的方案,只有用疫苗接种来减少种鸡发病和带菌率。

12.鸡传染性鼻炎

鸡传染性鼻炎是由副鸡嗜血杆菌引起的鸡的急性呼吸道疾病。

诊断要点

(1)流行病学 自然条件下鸡对本病最易感,各种年龄的鸡均可感染,但随着日龄的增长易感性增强,育成鸡、产蛋鸡最易感。本病多发生在成年鸡,在寒冷季节多发,秋末和冬季是本病高发期。病鸡、慢性病鸡、康复鸡、甚至健康带菌鸡是本病病原的携带者,本病主要通过消化道感染。鸡舍通风不良,环境卫生差,营养不良可加重病情和延长病程,若继发感染鸡传染性支气管炎、鸡传染性喉气管炎、鸡慢性呼吸道病、禽霍乱等可使病情加重、死亡增多。若与鸡慢性呼吸道病混合感染时,会使病程延长。在同一个鸡场不同日龄的鸡混在一起,或新购入的大日龄鸡同老鸡饲养在一起,极易造成本病的暴发。本病发生的另一个特点是低死亡率、高发病率。本病在鸡场内某鸡舍发生后，其他适龄鸡群几乎都会感染。

(2)临床表现　本病潜伏期短，在鸡群中传播快，几天之内可席卷全群。病鸡表现为面部肿胀，鼻腔有浆液性分泌物，还可见结膜炎和窦炎。成年鸡常见有一侧肉垂水肿，间或有两侧同时发生的。初期病鸡有一定食欲，随鸡群中发病数量的增多，食欲下降。产蛋鸡群发病5～6天，产蛋量明显下降，处在产蛋高峰期的鸡群产蛋下降更加明显，作者曾观察一群产蛋率83％的鸡患病后经1周左右时间产蛋率下降至19.5％，肉种鸡群发病后鸡群产蛋几乎达到绝产的地步。本病初期，鸡群死亡率较低。病后当鸡群精神好转，食欲逐渐恢复时，产蛋量逐渐回升，最后鸡群产蛋低于或接近原有水平。正当鸡群产蛋开始回升时，鸡死淘增加。

(3)病理变化　本病发病率虽高，但死亡率低，尤其是在流行的早、中期鸡群很少有死鸡出现。但在鸡群恢复阶段，死淘增加，但不见死亡高峰。这部分死淘鸡多属继发感染所致。病理剖检变化也比较复杂多样，有的死鸡具有一种疾病的主要病理变化，有的鸡则兼有2～3种疾病的病理变化。死亡的鸡中常见鸡慢性呼吸道疾病、鸡大肠杆菌病、鸡白痢等。病死鸡多瘦弱，不产蛋。

育成鸡发病死亡较少，流行后期死淘鸡不及产蛋鸡群多。

鸡传染性鼻炎仅引起鼻腔和眶下窦黏膜的急性卡他性炎症以及面部皮下和肉垂的水肿。早期死亡病例可见肺炎、气囊炎。

防治方法

加强饲养管理，改善鸡舍通风条件，做好鸡舍内外的消毒工作，提高鸡的抵抗力。

鸡场内每栋鸡舍应做到全进全出，禁止不同日龄的鸡混养。清舍之后要彻底进行消毒，空舍一段时间后方可进入新鸡群。

鸡场发病后在加强饲养管理，做好综合防疫措施的基础上积极进行治疗。

副鸡嗜血杆菌对磺胺类药物敏感,是治疗本病的首选药物。

本病经治疗,鸡群康复,但康复鸡仍可带菌。带菌鸡作为传染源,对其他新鸡群是一个威胁。因此鸡场对患过本病康复的鸡群应按时淘汰,严禁在群中挑选尚能下蛋的鸡并入其他鸡群。

目前我国已研制出鸡传染性鼻炎油佐剂灭活苗,经实验和现场应用,对本病流行严重地区的鸡群有较好的保护作用。可根据本地区情况选用。

13.鸡葡萄球菌病

鸡葡萄球菌病是由金黄色葡萄球菌引起的传染病。本病有多种类型,给养鸡业造成较大损失。

诊断要点

(1)流行特点　葡萄球菌在自然界分布广泛,在空气、水、土壤以及健康鸡体表消化道、呼吸道中均有存在。本病的发生与鸡的品种有明显关系,白羽产白壳蛋的轻型鸡种易发、高发,而褐羽产褐壳蛋的中型鸡种则很少发生,即使条件相同后者较前者发病要少得多。肉用仔鸡对本病也较易感。另一特点是本病在鸡 30～80 日龄之间多发,成年鸡发生较少。再有就是地面平养、网上平养较笼养鸡发生的多。

本病发生与饲养管理水平、环境污染程度、饲养密度等因素有直接关系。管理水平高、环境条件好,注重兽医卫生防疫措施的鸡场即便饲养易感性较强的鸡种,也较少发生。

本病发生与外伤有关。凡是能够造成鸡皮肤、黏膜完整性遭到破坏的因素均可成为发病的诱因。机械性外伤,往往由于笼具、网具质量不好或年久失修造成鸡皮肤、趾部外伤而感染;另一个是因传染性因素造成的外伤,常见由于鸡痘的发生而引起鸡葡萄球菌病的暴发。因此在鸡痘高发期的夏秋时节本病发生较多,其他季节发生比较少。通过呼吸道感染亦属可能。本病在鸡群中发生时其发病率与死亡率以鸡群饲养管理状况、环境条件以及治疗措施是否得当而有较大差异。本病造成鸡死亡数可与日俱增,有明显的死亡高峰,死亡率5%～50%不等。

(2)临床表现 本病具有多种疾病类型,如急性败血型、关节炎型、雏鸡的脐炎,等等。

新生雏鸡脐炎可由多种细菌感染所致,其中有部分鸡因感染金黄色葡萄球菌,可在1～2日内死亡。临床表现与大肠杆菌所致脐炎相似。

败血型葡萄球菌病。该型病鸡精神食欲不好,低头缩颈呆立。病后1～2天死亡。当病鸡在濒死期或死后可见到鸡体胸腹、大腿内侧、翅膀内侧皮肤、头部、下颌部和趾部皮肤湿润、肿胀,相应部位羽毛潮湿易掉。皮肤呈紫色或深紫红色,在皮下疏松组织较多的部位触之有波动感,皮下潴留渗出液,自然破溃的比较少见。有时仅见翅膀内侧,翅尖或尾部皮肤形成大小不等出血、糜烂和炎性坏死,局部干燥呈红色或暗紫红色无毛。肉用仔鸡发病表现与之相类似。

成年鸡和肉种鸡的育成阶段多发生关节炎型的鸡葡萄球菌病。多发生于跗关节,关节肿胀,有热痛感,病鸡行走不便,跛行,喜卧。

(3)病理变化 败血型病死鸡局部皮肤增厚、水肿。切开皮肤可见皮下有紫红色液体,胸腹肌出血、溶血形同"红布"。

有的病死鸡皮肤无明显变化,但局部皮下(胸、腹或大腿内侧)有灰黄色胶胨样水肿液。

关节炎型见关节肿胀处皮下水肿,关节液增多。

内脏其他器官无明显变化。

防治方法

发病后采取药物治疗,同时加强兽医卫生防疫措施。金黄色葡萄球菌极易产生耐药性,进行药物敏感试验,选择有效药物全群给药。庆大霉素、卡那霉素、氟哌酸、新霉素等均有治疗效果。

预防本病,要加强饲养管理,搞好鸡场兽医卫生防疫措施,尽可能做到消除发病诱因,认真检修笼具,切实做好鸡痘的预防接种。

14.初生雏鸡绿脓杆菌感染

初生雏鸡绿脓杆菌感染是由绿脓杆菌引起的初生雏鸡急性败血性疾病。鸡群一旦发病可造成巨大损失。

诊断要点

(1)流行病学 初生雏鸡绿脓杆菌感染的发生是集约化养鸡业兴起之后出现的一种疾病,近年来本病发生有增多趋势,发生特点具有共同的特征。

在鸡场和孵化室环境中绿脓杆菌的污染状况越来越严重,孵化过程中的死胚、毛蛋以及1日龄健康雏鸡体表和体内绿脓杆菌的分离率占一定比例,仅次于大肠杆菌的分离率。

本病的发生造成雏鸡的死亡,多数从雏鸡2日龄开始。雏鸡大批死亡,死亡曲线呈尖峰式,死亡集中在3~5日龄,以后迅速下降。每批鸡发病至少死亡25%左右的雏鸡,严重时死亡率可达50%以上。

如对本病缺乏认识或没有采取有效措施,可造成多批雏鸡连续发病。

发病雏鸡群均在1日龄时注射了鸡马立克氏病疫苗。而商品代雏鸡中的公鸡没有注射疫苗,鸡却安全无恙。因为环境污染尤其是孵化室污染是发生本病的前提,本病的感染途径是外伤,鸡马立克氏病疫苗的接种符合了感染条件。

(2)临床表现 本病发生突然,起病急,病程短。病雏精神沉郁,不食、卧地不起,有的病雏表现震颤,全身情况衰竭、脱水,很快死亡。有的雏鸡可见眼周围潮湿,角膜或眼前房混浊。

(3)病理变化 多数病死雏鸡的头部(即马立克氏病疫苗接种注射部位)皮下水肿,水肿液呈黄色或黄绿色胶陈样。高峰期过后死亡雏鸡的肝脏可见肿大,被膜下见有坏死灶。

防治方法

本病由于起病急,病程短,常常来不及治疗。经药敏试验,庆大霉素是首选药物,饮水给药治疗效果较差,但逐只注射可挽救部分发病雏鸡免于死亡。

孵化场为了防止下批雏再发病,可在马立克氏病疫苗中添加庆大霉素,或注苗后在另一部位再注射一针庆大霉素,可收到预防本病发生的效果,但这只是采取的应急措施。有的鸡场发病后,时刻担心本病的再次发生将疫苗中添加药物作为常规办法,作者认为大可不必。

预防本病,应从改善鸡场卫生条件、加强兽医卫生措施着手,严格按照要求做好自种蛋收集、保存及孵化全过程,定期孵化设备、环境、注射疫苗器具的清洗、消毒。

15.鸡坏死性肠炎

鸡坏死性肠炎是由魏氏梭菌引起的鸡的一种传染病。

诊断要点

(1)流行病学　鸡对本病易感。尤以 1～4 月龄的雏鸡、育成鸡和 3～6 周龄的肉用仔鸡多发。本病病原菌广泛地存在于自然环境中,主要存在于粪便、土壤、灰尘、污染的饲料和垫料以及肠道内容物中。本病的传播途径以消化道为主。有多种因素可诱发本病:

①饲料突然改变或饲料质量低下。

②饲喂变质的动物性饲料(如鱼粉、肉粉、骨粉、肉骨粉、血粉和蚕蛹粉等),与本病发生有关。

③肠道损伤或球虫病(盲肠球虫、小肠球虫病)可诱发本病。

④鸡舍潮湿、拥挤、环境卫生差。

⑤长时间的在饲料中添加抗生素(如土霉素等)。

⑥因家禽肠道中缺乏葡萄糖酶,当饲料中有多量葡萄糖进入鸡体内,产生发酵,使本病原菌大量繁殖而引起发病。

鸡坏死性肠炎的发生多为散发。发病后鸡死亡率与诱发因素的强弱和治疗是否及时有效有直接关系。一般死亡率在5％以下，严重的可达30％左右。

(2)临床表现　本病常突然发生，起病急。病鸡精神委顿，羽毛蓬松，食欲减退或废绝。粪便稀呈暗黑色间或混有血液。

(3)病理变化　病死鸡皮下湿润，有的较干燥。嗉囊中仅有少量食物，但有较多液体。新鲜病尸打开腹腔后即可闻到一股疾病少有的腐臭味。主要变化在肠道，尤以中后段肠道最明显。肠道表面污灰黑色或污黑绿色。肠腔扩张、充气，肠壁增厚。肠内容物呈液状，有泡沫，黏膜充血。空肠段有时可见少量出血点。病程稍长者，肠内容物淡黄或污红色，散在有土黄色大小不一的坏死灶(见图5-7)。有的肠内容物呈絮状团块。

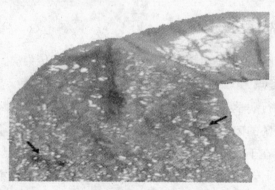

图 5-7　肠内坏死灶

严重病例可见肠壁增厚、有水样内容物，有泡沫。黏膜弥漫性土黄色，干燥无光泽，表现为深层坏死的炎症变化。

当有球虫合并感染时，可见球虫病的病理变化。

根据上述发生特点，不难做出诊断。因本病常在球虫病发生过程中或发生后出现，诊断时应与单纯的球虫病相区别。

防治方法

平时应加强鸡群饲养管理，不喂发霉变质饲料，认真做好各项兽医防疫工作。对地面平养鸡群搞好球虫病预防,是防治本病发生的重要措施。治疗中应搞好环境卫生,地面散养的肉用仔鸡舍应换新垫料。

若与球虫病同时发生,可考虑在饲料中同时添加适量抗球虫药。

16. 鸭瘟

本病又称"鸭病毒性肠炎",是鸭和鹅的急性接触性传染病,其特征为血管破坏、组织出血、消化道黏膜丘疹变化、淋巴器官损伤和实质器官变性。

诊断要点

(1)流行病学 本病传播迅速,发病率和病死率都很高,不同日龄和不同品种的鸭均可感染,但以番鸭、麻鸭、绵鸭易感性最高,北京鸭次之。成年鸭发病和死亡较为严重,一月龄以下雏鸭发病较少。本病经消化道传播。

图 5-8 食道黏膜中的假膜或溃疡

(2)临床表现 发病初期,病鸭体温急剧升高到 43℃以上,呈稽留热。随着病程的发展,可观察到如下症状:病鸭精神委顿、头颈缩起、极度口渴、食欲丧失、不能站立、驱赶时双翅扑地、畏光、眼半闭、眼睑粘连、羽毛松乱、鼻漏、水样腹泻、肛门周围羽毛被粪便所传染、共济失调。部分病鸭头颈肿胀,俗称"代大头瘟"。病后期体温下降,精神衰竭,不久即死亡。

(3)病理变化 口腔、舌下和喉头周围有溃疡,食道黏膜有纵行排列的假膜或溃疡(见图5-8),腺胃黏膜有出血斑点,肌胃角质层下充血或出血,肠黏膜充血、出血。泄殖腔黏膜有出血斑点和假膜或溃疡。肝脏表面有大小不等的坏死灶,心内外膜有点状或刷状出血,胸腺和腔上囊出血、肠道可出现环状红色出血带。

防治方法

防治本病主要采用疫苗的免疫接种。

用鸭瘟弱毒疫苗皮下或肌肉注射,可有效地预防本病发生。

处于发病初期的鸭,肌注抗鸭瘟高免血清,每只0.5毫升,有一定的疗效。

17.鸭病毒性肝炎

鸭病毒性肝炎是雏鸭的高度致死性、病毒性传染病。以发病急、传播快、死亡率高以及肝炎、出血和坏死为特征。

诊断要点

(1)流行病学 6周龄以下的鸭易患病,尤其是3周龄以下的鸭更易感染,成年鸭可感染但不发病。自然条件下不感染鸡、火鸡和鹅。本病发生与传播非常快,且死亡都发生在2~3天内,雏鸭发病率为100%,1周龄左右的雏鸭死亡率可高达95%,2~3周龄的雏鸭死亡率为50%或更低。本病主要通过与病鸭接触,经消化道和呼吸道感染。

自然条件下,种鸭不接种疫苗,其后代鸭发病一般在7~10天,死亡率可达50%或更高。种鸭接种疫苗后,其后代鸭发病推迟到2~3周龄,死亡率可降至30%以下,死亡率高低与免疫程序有一定关系。死亡高峰过后,病情趋于平稳。

(2)临床表现 感染雏鸭表现为跟不上群、蹲伏、眼半闭。病鸭身体多侧卧,两腿痉挛性后踢,头向后背,即角弓反张,俗称"背脖病"

（见图5-9），最终死亡。雏鸭在出现症状后1小时左右即死亡。在疾病暴发时，雏鸭死亡速度惊人。

（3）病理变化 病死鸭肝脏肿大，有点状或刷状出血（见图5-10）。

图5-9 病鸭"背脖"　　图5-10 肝脏肿大有出血

防治方法

本病可导致1～3周龄内鸭大批死亡，控制本病主要依赖疫苗的预防接种。

种鸭开产前免疫2次此苗，剂量为10倍稀释液1毫升，间隔2周，此后每4个月再免疫1次，其后代雏鸭3周内不会发病，但3周龄左右的鸭仍可能发病和死亡，因而雏鸭在10日龄左右仍须进行主动免疫。如果不免疫种鸭，雏鸭在1日龄时注射疫苗0.5毫升，则效果理想，可基本控制本病的发生。此外，初发病群或受威胁群采用注射康复鸭血清、高免血清、高免蛋黄匀浆的方法，每只鸭皮下或肌肉注射0.5～1毫升，对本病起到防治作用。

另外，严格的消毒制度与自繁自养也是预防本病的重要措施。

18.鸭传染性浆膜炎

鸭传染性浆膜炎是由鸭疫里氏杆菌引起的，以高死亡率、致鸭体重减轻和高淘汰率为特征的传染性疾病。1～8周龄的鸭对本病易感，尤其以2～3周龄的鸭最易感。本病可感染火鸡和多种禽类，但罕见于种鸭。

诊断要点

(1)流行病学 本病主要经呼吸道和皮肤感染，以冬春季节多发。饲养管理条件不好如饲养密度过大、潮湿、不通风等易引起疾病的发生与传播。本病主要发生于小鸭，但1周龄内的小鸭很少发病，7～8周龄以上的鸭也很少发病。死亡率为5%～80%。

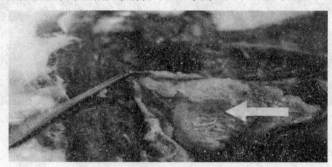

图 5-11　肝表面纤维素性渗出

(2)临床表现 最急性病例无明显症状即突然死亡。急性病例表现为困倦、缩颈、不食、腿软不愿走动、眼和鼻孔有分泌物、绿色下痢、共济失调、抽搐而死。病程为1～3天。日龄较大的鸭病程达1周或1周以上，多呈亚急性或慢性经过，表现为站立或呈犬坐姿势、前仰后翻、翻倒后仰卧不易翻转，少数病例出现头颈歪斜、转圈或倒退。

一般最早可于2周龄时见到鸭发病和死亡，3周龄时死亡增多，可一直持续到填鸭阶段。投药后，死亡减少，但每天仍有死鸭出现。鸭群中常见到部分鸭出现神经症状及头颈歪斜的慢性病例。

(3)病理变化 本病主要为纤维素性渗出，主要在心包膜、气囊、肝表面发生（见图 5-11）。心包积液增多。脾脏肿大呈红灰色斑驳状。

防治方法

本病是造成肉鸭损失的重要传染病之一，控制本病可采用药物治疗和疫苗的预防接种。

此外,改善育雏室的卫生条件,加强通风、干燥、防寒以及降低饲养密度,勤换垫草。最好采用"全进全出"制度,便于彻底消毒。

19.鸭大肠杆菌败血症

鸭大肠杆菌败血症是由埃希氏大肠杆菌引起的常见病,可侵害各品种和各日龄的鸭,但以 2～6 周龄的鸭多发,本病也是其他禽类和动物的常见病。

诊断要点

本病的发病率并不高,但因各种日龄的鸭均可感染,因而在鸭场中时有发生。本病常突然发生,其临床症状颇似小鸭传染性浆膜炎。

精神沉郁、不喜动、食欲不佳或不食,嗜睡,眼、鼻常有分泌物。有时见有下痢,但无神经症状。初生雏鸭表现衰弱、缩颈、闭眼,也有发生下痢者,腹部膨大,常因败血症而死。或因衰弱、脱水而致死。成年鸭常表现为喜卧、不愿行动,站立或行走时见腹部膨大和下垂,有时呈企鹅状,触诊腹腔内有液体。

本病的病理学特征为浆膜渗出性炎症,主要在心包膜、心内膜、肝和气囊表面有纤维素性渗出,呈浅黄绿色、松软、凝乳样或网状。剖开腹腔时常有腐败气味。种鸭常见坏死性肠炎、卵巢出血。初生鸭雏多有卵黄吸收不全和脐炎等变化。

本病的确诊要依靠病原菌的分离与鉴定,并以此与小鸭传染性浆膜炎进行鉴别。

防治方法

本病的防治可采用药物防治和疫苗预防接种两种方法。

多种大肠杆菌均对庆大霉素、卡那霉素等药物敏感,但肠道菌极易产生抗药性,故有条件的地方,应分离出致病菌株后,进行药敏试验,再选用敏感药物进行防治。

用大肠杆菌灭活苗或大肠杆菌—鸭疫巴氏杆菌二联苗注射,可取得较好效果。此外,改善环境卫生是预防本病的重要措施。

20. 鸭副伤寒

本病是由沙门氏菌引起的鸭的急性或慢性传染病。多种禽类和哺乳动物以及人类均可感染,幼龄鸭与鹅非常易感,尤其是三周龄以下者常易发生败血症而死亡,成年鸭常成为带菌者。

诊断要点

本病的传染来源为临床发病的鸭与带菌鸭,传播途径多种多样,可以经卵传播,也可经被污染的鸭饲料及其他动物传播。本病感染后,从胚胎开始即有死亡,损失率为1%~60%,随着日龄的增长,抵抗力增强。

幼雏感染后,胎毛松乱、腿软、拉稀粪、腥臭、肛门周围羽毛常被尿酸盐黏着。眼半闭、两翅开张或下垂、不愿走动、有渴感,腹部膨大、卵黄吸收不全、脐炎,常在孵出后数日内因败血症、脱水或被践踏而死。2~3周龄的小鸭发病后常见精神不良、不食或少食、翅下垂、眼有分泌物、下痢、颤抖、共济失调、抽搐、角弓反张而死。少数慢性病例可能出现呼吸道症状或出现关节肿胀。中鸭很少出现急性病例,常呈慢性经过,当有其他继发病原存在时,可使病情加重,加速死亡。成年鸭多无可见的临床表现。

初生幼雏的主要病变是卵黄吸收不全和脐炎,俗称"大肝脐",卵黄黏稠,色深,肝脏淤血。日龄较大的小鸭常见肝脏肿胀,表面有坏死灶。特征是盲肠肿胀,呈斑驳状,内容物中有干酪样的团块。

防治方法

本病是经多种途径传染的,因此预防须采取综合性的措施。

首先应防止蛋壳被污染,相应的措施是在鸭舍靠墙边处设产蛋槽,增加检蛋次数,收集的蛋及时消毒入蛋库,消毒孵化器。其次,应防止鸭雏感染,防止幼雏脱水,育雏室温度要适宜且要防潮。此外,还需注意鸭场灭鼠。

21.鸭曲霉菌病

本病又称"鸭霉菌性肺炎",是由曲霉菌如烟曲霉菌、黄曲霉菌、黑曲霉菌等引起的以鸭出现呼吸道症状和死亡症状为特征的真菌病。多种禽类均可感染。主要发生于幼龄小鸭,多呈急性经过,成年鸭多为散发。

诊断要点

本病主要的传染源是被曲霉菌污染的垫草和饲料,当温度和湿度合适时,曲霉菌大量增殖,经呼吸道或消化道感染鸭。当孵化器被污染,雏鸭出壳 1 日龄即可患病,出现呼吸道症状。

急性病例发病后 2～3 日内死亡。病雏食欲减少、精神不振、眼半闭、呼吸困难、喘气,常见鸭张口伸颈呼吸。口腔和鼻腔常流出浆液性分泌物。当气囊有损害,呼吸时会发出干性的、特殊的"沙哑"声。有口渴、不爱活动、羽毛蓬乱无光、常下痢、急剧消瘦和死亡症状,死亡率可达 50%～100%。慢性型症状不明显,主要呈阵发性喘气,食欲不振,下痢,逐渐消瘦以致死亡。

死于急性病例的鸭,肺和气囊有数量不等的灰黄色或乳白色小结节,切面呈同心圆轮层状结构,鼻、喉、气管、支气管黏膜充血,有淡灰色渗出物。慢性病例见有支气管肺炎的变化,肺实质中有大量灰黄色结节,切面呈干酪样团块,胸部气囊也可见到这种结节。部分胸气囊和腹部气囊膜上见有一厚 2～5 毫米圆碟状中央凹的霉菌菌落(或称霉菌斑),有时被纤维素浸润,并呈灰绿色或浅绿色粉状物。

防治方法

注意加强饲养管理,搞好环境卫生,特别是鸭舍的通风和防潮湿,不用发霉的垫草,禁喂发霉饲料。鸭舍和孵化器应用福尔马林熏蒸消毒。如果鸭群已被感染发病,应及时隔离病雏,清除垫草,更换饲料,消毒鸭舍。

22.小鹅瘟

小鹅瘟是由小鹅瘟病毒引起的以传染快和死亡率高为特征的急性或亚急性败血症。本病主要侵害4～20日龄的雏鹅,易感性无品种间的差异。雏鸭和雏鸡不易感。本病通过孵坊传染。

诊断要点

(1)流行特点 本病感染后,常导致雏鹅死亡,日龄越小,损失越大。随着日龄增加,易感性和死亡率逐渐下降。一月龄以上者极少发病,感染后成为带毒者。

(2)临床表现 最急性型发生于1周龄以内的雏鹅,往往无先驱症状而突然死亡,或在发现精神委顿、衰弱或倒地不久死亡,传播迅速,几天内即蔓延全群,死亡率高达95%～100%。急性型常发生于15日龄内的雏鹅,病初厌食,嗉囊松软,内含大量液体和气体。喙端和蹼发绀,鼻孔有分泌物,排出灰白或淡黄绿色并混有气泡或纤维碎片的稀粪。离群独居,摇头,濒死时可见两腿麻痹或抽搐,病程1～2天。亚急性型发生于15日龄以上的雏鹅,病程3～7天,病鹅委顿,不愿走动,减食或不食,腹泻和消瘦。

(3)病理变化 本病的病变主要在消化道。最急性型病变不明显,见小肠前段黏膜肿胀充血,覆有淡黄色黏液,有时有出血。急性型雏鹅死后可呈现典型的肠道病变。小肠黏膜全部发炎、坏死和有大量渗出物,并有带状的假膜脱落在肠腔中,带状脱落物多时,往往形成栓子堵塞小肠后部狭窄处。亚急性型肠管的变化更明显。

防治方法

本病主要通过孵坊感染,因此孵坊的一切用具及种蛋都须用福尔马林熏蒸消毒。

在本病流行严重地区,在种鹅产蛋前1个月左右用弱毒苗免疫母鹅,使之产生母源抗体,后代雏鹅可获得较强免疫力。

23.禽霍乱

禽霍乱又称"禽巴氏杆菌病"、"禽出血性败血症",或简称"禽出败",是由多杀性巴氏杆菌引起的鸡、鸭、鹅等禽类的传染病。

诊断要点

(1)流行病学 本病可以感染多种禽类,鸡、鸭、鹅、鸽、火鸡均可发病,多种野禽也能感染。在鸡中育成鸡和成年产蛋鸡多发,营养状况良好、高产鸡易发。病鸡、康复鸡或健康带菌鸡是本病主要传染来源,尤其是慢性病鸡留在鸡群中,往往是本病复发或新鸡群暴发本病的传染来源。本病主要通过被污染的饮水,饲料经消化道感染发病。病鸡的排泄物、分泌物带有大量细菌,随意宰杀病鸡,乱扔乱抛废弃物可造成本病的蔓延。目前我国集约化养鸡场本病发生较少,但条件、设备简陋,环境污染严重的小型养鸡场和地面平养的鸡群仍时有发生,本病一旦发生,在这些鸡场内很难清除,致使多批次,甚至全年鸡均可发病。特别是在潮湿、多雨、气温高的季节多发。鸡群发病有较高的致死率。常发地区本病流行缓慢。

(2)临床表现 鸡群发病以病程长短可分为不同的病型,一般分为最急性、急性和慢性三种类型。

①最急性型:常发生于本病的流行初期,特别是成年产蛋鸡易发生最急性病例。该型最大特点是生前不见任何临床症状突然死亡。

②急性型:此型在流行过程中占较大比例。病鸡表现精神沉郁、不食、呆立、羽毛蓬松、自口中流出浆性或黏性的液体。鸡冠及肉垂发绀呈黑紫色。病鸡下痢,病程短,1~2天内死亡。

③慢性型:在流行后期或本病常发地区可以见到。有的则是由急性病例不死后转成慢性。病鸡精神食欲时好时坏,有时见有下痢。常见鸡体某一部位出现异常。如一侧或两侧肉垂肿大;腿部关节或趾关节肿胀,病鸡跛行;有的有结膜炎或鼻窦肿胀。有时见有呼吸困难,鼻腔有分泌物,病鸡拖延1~2周死亡。

（3）**病理变化** 最急性病例剖检后常不见明显的变化，或仅在个别脏器有病变，但不典型。急性病例变化较为明显，实践中仍需多剖检几只鸡，这对诊断有重要意义。常见心冠状沟脂肪有针尖大小的出血点，有的心外膜也可看到出血斑点。肝脏略肿，质度稍硬，在被膜下和肝实质中见有弥漫性数量较多的针尖大小坏死灶（见图5-12）。小肠前段尤以十二指肠呈急性卡他性炎症或急性出血性卡他性炎症，后段肠道变化不十分明显。有时可以看到病死鸡皮下、腹部脂肪、胸腹膜有小点出血。这种变化在病死鸭中表现得更为明显。慢性病例病死鸡肿胀的肉垂及关节处，切开后可见干酪样渗出物。有的病死鸡可见肺炎、鼻炎、腹膜炎等变化。

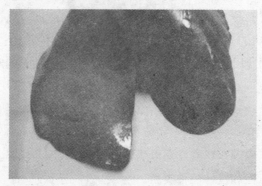

图 5-12　肝脏上的坏死灶

防治方法

加强鸡群的饲养管理，平时严格执行鸡场兽医卫生防疫措施，以栋舍为单位采取全进全出的饲养制度，预防本病的发生是完全有可能的，从未发生本病的鸡场一般不进行疫苗接种。

鸡群发病应立即采取治疗措施，有条件的地方应通过药敏试验选择有效药物全群给药。红霉素、庆大霉素、氟哌酸等均有较好的疗效，在治疗过程中，剂量要足，疗程合理。当鸡每天死亡数明显减少后，再继续投药 2～3 天以巩固疗效。同时将病尸无害化处理。加强鸡场兽医防疫措施，鸡舍内外认真彻底消毒。

对常发地区或鸡场,可考虑用疫苗进行预防,由于疫苗免疫期短,防治效果不十分理想。在有条件的地方可在本场分离细菌,经鉴定合格后,制作自家组织灭活苗,定期对鸡群进行注射,经实践证明,通过1~2年的免疫,本病可得到有效控制。

24.禽大肠杆菌病

禽大肠杆菌病是由大肠杆菌的某些血清型所引起的疾病的总称。其中包括大肠杆菌性心包炎、气囊炎、败血症、脐炎、眼炎、卵黄性腹膜炎和慢性肿瘤样肉芽肿。

诊断要点

(1)流行病学 各种年龄的家禽均可感染,但因饲养管理水平、环境卫生、防治措施的效果、有无继发其他疫病等因素的影响,本病的发病率和死亡率有较大差异。

本病可通过消化道、呼吸道传播。当各种应激因素造成机体免疫功能下降时,就会发生感染。各种年龄的家禽均可感染,幼雏最易感。

本病在雏鸡阶段、育成期和成年产蛋鸡均可发生,雏鸡呈急性败血症经过,火鸡则以亚急性或慢性感染为主。多数情况下因受到各种应激因素和其他疾病的影响,使得本病的感染更为严重。成年产蛋鸡往往在开产阶段发生,死淘率增多,影响产蛋,生产性能不能充分发挥。如种鸡场发生本病,会直接影响到种蛋孵化率、出雏率,造成孵化过程中死胚和毛蛋增多,健雏率低。

本病一年四季均可发生,每年在多雨、闷热、潮湿季节多发。

由本病造成鸡群的死亡虽没有明显的高峰,但病程较长。

(2)临床表现 鸡大肠杆菌病一般没有特别的临床表现,但也与鸡发病日龄、病程长短、受侵害的组织器官及部位、有无继发或混合感染有很大关系。

初生雏鸡脐炎,俗称"大肚脐",多数与大肠杆菌有关。病雏精神沉郁,少食或不食,腹部大,脐孔及其周围皮肤发红、水肿,多在一周内死亡或淘汰。

还有一种表现为下痢,除精神、食欲差外,可见排出泥土样粪便,病雏1~2天内死亡。不见明显死亡高峰期。

在育雏期间,包括肉用仔鸡的大肠杆菌病,原发感染比较少见,多是由于继发感染和混合感染所致。尤其是雏鸡阶段发生鸡传染性法氏囊病时,或鸡慢性呼吸道疾病时常有本病发生。病鸡食欲下降、精神沉郁、羽毛松乱、腹泻,兼有其他疾病的症状。育成鸡发病情况大致相似。

产蛋鸡群发病大多是由于饲养管理粗放,环境污染严重,在潮湿多雨闷热或寒冷季节发生,一般以原发感染为主。还可继发在鸡白痢、新城疫、传染性支气管炎、传染性喉气管炎、传染性鼻炎和慢性呼吸道疾病发生的过程中。主要表现为产蛋量不高,产蛋高峰上不去,产蛋高峰维持时间短,鸡群死淘率增加。病鸡临床表现有如鸡冠萎缩、下痢、食欲下降等表现。

(3)病理变化 雏鸡脐炎死后可见脐孔周围皮肤水肿、皮下淤血、出血、水肿,水肿液呈淡黄色或黄红色。脐孔开张。以下痢为主的病死新生雏以及脐炎致死鸡均可见到卵黄吸收不良,卵黄囊充血、出血、囊内卵黄液黏稠或稀薄,多呈黄绿色。肠道呈卡他性炎症。肝脏肿大,有时可见散在的淡黄色坏死灶,肝包膜略增厚。

与支原体混合感染的病死鸡,多见肝脾肿大,且有不透明易剥脱黄白色增厚的肝包膜。在肝表面形成的这种纤维素性膜有的局部发生,有的包裹整个肝表面,此膜剥脱后肝呈紫褐色;心包增厚不透明,心包积液;气囊炎也是常见的变化,胸、腹等气囊囊壁增厚呈灰黄色,囊腔内有数量不等的纤维素性渗出物或如同蛋黄的干酪样物(见图5-13)。

有的病死鸡可见输卵管炎,黏膜充血,内有干酪样物。严重时输卵管内积有黄白色,切面轮层状。腹腔内见有外观为灰白色的软壳蛋。

成年鸡还见有卵黄性腹膜炎。稍慢死亡的鸡腹腔内有多量纤维素样物黏在肠道和肠系膜上,腹膜粗糙,有的可见肠粘连(见图5-12)。大肠杆菌性肉芽肿较少见到。小肠、盲肠浆膜和肠系膜可见到肉芽肿结节,肠粘连不易分离。肝脏表面有灰白色坏死灶的病鸡还有眼炎、滑膜炎、肺炎等症状。

图 5-13　囊腔内渗出物

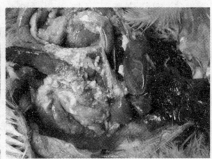
图 5-14　肠粘连

防治方法

认真落实兽医卫生防疫措施,加强鸡群的饲养管理,改善鸡舍通风条件。种鸡场应加强种蛋收集、存放和整个孵化过程的卫生消毒管理。

鸡群发病后可用药物进行防治,但大肠杆菌极易产生抗药性,因此,防治本病时,应进行药敏试验选择敏感药物,或选用本场过去少用的药物进行全群给药,可收到满意效果。早投药可控制早期感染的病鸡,促使痊愈。同时可防止新发病例的出现。已患病,体内已造成上述多种病理变化的病鸡治疗效果极差。

本病发生普遍,各种年龄的鸡均可发病,药物治疗效果逐渐降低,增加了养鸡的成本。近年来国内已试制了大肠杆菌价油佐剂苗,在给成年鸡注射大肠杆菌油佐剂苗时,注苗后鸡群有程度不同的注苗反应,主要表现精神不好,喜卧,吃食减少等。一般1~2天后逐渐消失,无须进行任何处理。因此在开产前注苗较为合适,开产后注苗往往会影响产蛋。

25.禽曲霉菌病

禽曲霉菌病主要是由曲霉菌引起的多种禽类的真菌性疾病。

诊断要点

(1)**流行病学** 引起禽曲霉菌病的曲霉以烟曲霉和黄曲霉为主。曲霉菌在自然界中分布广泛,常见于腐烂植物、土壤以及谷物饲料中,曲霉菌的分生孢子抵抗力很强,当垫草(料)饲料严重污染时,禽类吸入一定量的孢子便可引起发病。幼禽对本病易感且常表现群发和急性经过,成年禽有一定的抵抗力,呈散发和慢性感染。幼禽以4~12日龄最为易感。本病传播途径以呼吸道感染为主。有的因种蛋污染可导致出壳不久的鸡发病。有的因孵化器、出雏器和孵化室被曲霉菌严重污染而引起1日龄雏鸡感染发病,但多数情况下典型的病例见于5日龄以后的鸡群。当鸡1月龄时本病基本平息。

(2)**临床表现** 幼雏发病多呈急性经过,可见呼吸困难、喘气、呼吸促迫。病雏羽毛逆立,对外界刺激反应淡漠、嗜睡、食欲明显减少或不食、饮欲增加。常伴有下痢症状,病鸡明显消瘦。当病原侵害眼睛时,可出现一侧或两侧眼球发生灰白色混浊,或引起眼睛肿胀,眼内见有干酪样分泌物。病鸡通常在发病后2~7天死亡,慢者可达2周以上。死亡率高达50%以上。种蛋被污染可降低孵化率。成年鸡感染发病,病程长,多为慢性经过。有类似喉气管炎的症状,产蛋量下降,死亡率低。

(3)**病理变化** 本病一般以侵害肺脏为主,典型病例在肺部可见粟粒大至绿豆大的黄白色或灰白色结节,质度较硬。同时常伴有气囊壁增厚,壁上见有相同大小的干酪样斑块。随病程发展,气囊壁明显增厚,干酪样斑块增多、增大,有的融合在一起。后期病例可见在干酪样斑块上以及气囊壁上形成灰绿色霉菌斑。严重病例在腹腔、浆膜、肝等部位表面有灰白色结节或灰绿色斑块。

防治方法

加强雏鸡的饲养管理，如能认真做到以下各方面工作，可有效地防止本病发生。

①种蛋库要清洁、干燥，经常消毒。

②认真做好孵化全过程的兽医管理。

③不要使用发霉变质的垫草、饲料。

④地面平养鸡舍内的饲槽、饮水器周围极易滋生霉菌，可经常改变饲槽、饮水器的放置地点。

⑤在潮湿、闷热、多雨季节要采取有力措施，防止饲料、垫草发霉。饲槽、饮水器要经常刷洗、消毒。同时加强鸡舍通风，最大限度地减少舍内空气中霉菌孢子的数量。

本病一旦发生应迅速查清原因并立即排除。让鸡群脱离被霉菌严重污染的环境，是减少新发病例，有效控制本病继续蔓延的重要措施。

26. 禽流感

禽流感是禽流行性感冒的简称，又称"真性鸡瘟"或"欧洲鸡瘟"，是由禽流感病毒引起的传染病。本病患禽特征性症状为冠髯发绀，出血（见图 5-15），肿头流泪，呼吸困难，衰竭死亡，部分病例可能表现为明显的共济失调等神经症状。病理变化特点是脚胫及多处皮肤出血，皮下水肿，眼结膜出血，整个消化道（从口腔至泄殖腔）黏膜出血、坏死、溃疡。

诊断要点

禽流感可分为高致病性、低致病性和非致病性禽流感三大类。非致病性禽流感不会引起明显症状，仅使染病的禽鸟体内产生病毒抗体。低致病性禽流感可使禽类出现轻度呼吸道症状，食量减少，产蛋量下降，出现零星死亡。高致病性禽流感最为严重，发病率和死亡率均高,家禽感染的死亡率几乎是100%。高致病性毒株引起的禽流感潜伏期3～5天,体温迅速升高达41.5℃以上,高度沉郁、昏睡、张口喘气,流泪流涕(在水禽有时可见眼鼻流出脓样液体),冠髯发绀、出血,头颈部肿大,急性死亡。部分病例出现共济失调、震颤、偏头、扭颈等神经症状。特征性病理变化为眼角膜混浊,眼结膜出血、溃疡;翅膀、嗉囊部皮肤表面有红黑色斑块状出血等;还常见脚胫鳞片出现红褐色出血斑块、水肿;头颈、胸部皮下水肿或呈胶胨样浸润;肺脏出血水肿,脾脏有灰白色坏死,胰脏有褐色出血、变性、坏死;法氏囊出血;从口腔至泄殖腔整个消化道黏膜出血(见图5-16)溃疡或有灰白色斑点、条纹样膜状物(坏死性伪膜),其他组织器官亦可能有出血,并常可见有明显的纤维素性腹膜炎、气囊炎等。有的病鸡心肌有灰白色坏死性条纹。

图 5-15　患禽流感鸡的冠髯

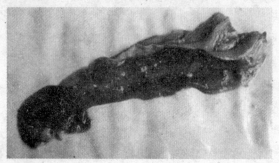

图 5-16　消化道黏膜出血

防治方法

严禁从疫区引进鸡,防止鸡与其他禽类,如鸭、鹅等接触,不要让鸡饮池塘水。

怀疑有本病发生时应尽快送检,鉴定病毒的毒力和致病性,划定疫区,严格封锁,扑杀所有感染高致病性病毒的鸡只。对鸡舍进行彻底消毒,空置2～4周才准再次养鸡。

禽流感疫苗目前主要有单价和双价两种,由于在某一地区流行的禽流感多为一个血清型,因此,根据当地疫病流行情况,接种单价疫苗是可行的,这样可有利于准确监控疫情。当发生区域不明确血清型时,可采用2～3价疫苗免疫。疫苗接种后的保护期一般可达6个月,为了使免疫效果确实,通常每三个月应加强免疫一次。首免5～15日龄,鸡、蛋鸭每只0.3毫升,个体较大的肉鸭和鹅每只0.5毫升,皮下或肌肉注射。二免50～60日龄,肉鸭、鹅1毫升,鸡、蛋鸭0.5毫升。三免开产前进行,鹅2～3毫升,鸭1～2毫升,鸡0.5毫升。商品蛋禽和种禽在产蛋中期的40周龄可进行四免。

二、家禽的寄生虫病

1.鸡蛔虫病

鸡蛔虫病的病原是禽蛔科的鸡蛔虫寄生于鸡小肠内而引起的一种线虫病。本病常常影响雏鸡的生长发育,甚至引起大批死亡,造成严重损失。

(1)病原　鸡蛔虫是寄生在鸡体内最大的一种线虫,虫体呈淡黄色或乳白色,表皮有横纹。雄虫长26～70毫米,雌虫长65～110毫米。

虫卵呈椭圆形,大小为(70～90)微米×(47～51)微米,卵壳光滑较厚,深灰色,新鲜的虫卵内含一个卵细胞(见图5-17)。

(2)流行病学　本病主要危害3～4月龄以内的雏鸡,1岁以上的鸡多为带虫者。鸡由于吃入被感染性虫卵污染的饲料和饮水而感染。蚯蚓可以作为本病的贮藏宿主。

(3)**临床症状与病变** 雏鸡常表现为生长发育不良,精神萎靡,行动迟缓,常呆立不动,翅膀下垂,羽毛蓬乱,鸡冠苍白,贫血。食欲减退,便秘和下痢交替,有时粪便中含有带血黏液,以后逐渐衰弱而死亡。严重感染者可因肠堵塞导致死亡。成年鸡多为带虫者,不表现明显的症状。

(4)**诊断** 由于本病没有特别症状,故必须进行饱和盐水漂浮法进行粪便检查发现大量虫卵和尸体,剖检发现虫体(见图 5-18)才能确诊。

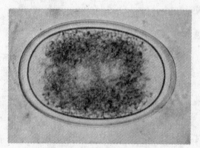

图 5-17 鸡蛔虫虫卵

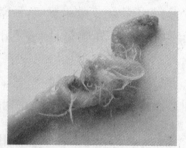

图 5-18 鸡蛔虫寄生的小肠

(5)**防治** 定期驱虫,每年驱 2～3 次,第 1 次在两月龄左右,第 2 次在冬季。雏鸡与成年鸡分群喂养。平时应加强饲养管理,注意鸡舍和运动场的卫生,经常清扫,粪便进行发酵处理,以杀灭虫卵。鸡舍、饲槽、用具等经常清洗和消毒。

治疗可用下列药物:

①驱蛔灵:剂量为 200～300 毫克/千克体重,拌入饲料喂服或配成 1%水溶液让其自饮。

②左咪唑:剂量为 20 毫克/千克体重,一次口服或混饲料中喂给。

③丙硫咪唑:剂量为 5 毫克/千克体重,混饲料中喂给。

2.鸡绦虫病

鸡绦虫病是由多种绦虫寄生于鸡、火鸡等禽类的小肠所引起的一种绦虫病,鸡大量感染后,常表现贫血、消瘦、下痢,产蛋减少甚至停止,可引起雏鸡的大批死亡。

(1)病原 寄生于鸡的绦虫主要包括四角赖利绦虫、棘沟赖利绦虫、有轮赖利绦虫、节片戴文绦虫、片形皱褶绦虫、鸡膜壳绦虫等。这些绦虫的共同特点是其长度由几毫米到 20 厘米都有,编排带状,前端较窄,后端较宽,由头节、颈节及体节组成(见图 5-19)。

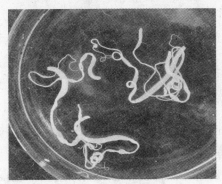

图 5-19 · 鸡绦虫成虫

(2)流行病学 鸡绦虫的发育过程需要蚂蚁、金鱼子、步行虫、家蝇等昆虫作为中间宿主,虫卵被中间宿主吞食后,在其体内发育成为似囊尾蚴,当鸡吃入含似囊尾蚴的上述中间宿主而被感染。各种年龄的鸡均可感染,但以雏鸡最易感染。本病多发生于夏秋季节,环境潮湿、卫生条件差、饲养管理不良均易引起本病的发生。

(3)临床症状与病变 轻度感染时临床症状不明显。严重感染时患禽呈现消化障碍,食欲减退,腹泻,粪便中含白色米粒样的孕卵节片,渴感增加,体弱消瘦,翅下垂,羽毛逆立,蛋鸡产卵量减少或停产,雏鸡发育受阻或停止。当患鸡十分消瘦时,常致死亡。剖检可见鸡肠道黏膜肥厚,有时有出血点。肠腔内有多量黏液,常发恶臭,肠道内含虫体。

(4)诊断 根据临诊表现,粪检查获虫卵或孕节,剖检病鸡发现虫体即可确诊。

(5)防治 鸡群应定期进行预防性驱虫,鸡粪应及时清除并作无害化处理,鸡舍内外应定期杀灭昆虫、并翻耕运动场,雏鸡应放入清洁的禽舍和运动场上饲养。

治疗常用下述驱虫药物:

①硫双二氯酚,剂量为成鸡100～200毫克/千克体重,一次口服,小鸡适当减量。

②丙硫咪唑,剂量为15～20毫克/千克体重,一次口服。

③吡喹酮,剂量为10～15毫克/千克体重,一次口服。

3.鸡组织滴虫病

鸡组织滴虫病也称"盲肠肝炎"或"黑头病",是由火鸡组织滴虫引起的鸡的一种急性原虫病。本病的主要特征是盲肠发炎、溃疡和肝脏表面具有特征性的坏死灶。

(1)病原 病原可在盲肠和肝脏病灶组织中或盲肠内容物中找到。在肠腔中找到的虫体呈变形虫样,直径5～16微米,常有一根鞭毛,作钟摆样运动。在肠和肝组织中的虫体无鞭毛。

(2)流行病学 本病通过消化道感染,多发生于夏季,3～12周龄的雏鸡易感性最强,死亡率也最高,成年鸡多为带虫者。卫生管理条件不好的鸡场易发本病。

(3)临床症状与病变 病雏食欲减退,精神沉郁,羽毛粗乱无光泽,身体蜷缩,翅膀下垂,怕冷嗜睡,下痢,排带有多泡沫的淡黄色硫黄样或淡绿色恶臭粪便。严重病例排出的粪便带血或完全是血液。病的后期,有的病鸡面部皮肤变成紫蓝色或黑色。

病变主要是在盲肠和肝脏,剖检时见一侧或两侧盲肠肿胀(见图5-20),肠壁增厚,肠腔内可见凝固性坏死物质,形似香肠,横切时呈同心圆状。肝脏肿大,在表面形成黄色或黄绿色局限性圆形变性灶,似"火山口"样(见图5-21)。

图 5-20 组织滴虫寄生的盲肠病变　图 5-21 组织滴虫寄生的肝脏病变

　　(4)诊断　根据流行病学、临床症状及特征性病变进行判断,尤其是肝脏和盲肠的病变具有特征性,可作为诊断的依据。也可取肠内容物镜检发现虫体来确诊。

　　(5)防治　呋喃唑酮,以0.04%混入饲料中连喂7~10天,亦可用甲硝哒唑,以250毫克/千克体重混于饲料中,有良好的治疗效果,预防可用200毫克/千克体重拌料饲喂。

4.鸡球虫病

　　鸡球虫病是由艾美尔属的球虫寄生在鸡的肠道上皮细胞内所引起的一种危害严重的原虫病,是对养鸡业危害最严重的疾病之一,常呈暴发性流行,主要危害15~50日龄的雏鸡,临床上主要症状为贫血、血痢、消瘦、生长受阻等。

　　(1)病原　目前,世界上公认的鸡球虫有7种,分别为柔嫩艾美耳球虫、巨型艾美耳球虫、堆型艾美耳球虫、毒害艾美耳球虫、布氏艾美耳球虫、和缓艾美耳球虫和早熟艾美耳球虫,这7种在我国均有发现,但在集约化鸡场中最常见的是前3种,经常是混合感染。

(2)**流行病学** 鸡是各种鸡球虫的唯一宿主,各种年龄和品种的鸡均易感,但主要发生于3～6周龄的雏鸡,2周龄以内的雏鸡很少发病,毒害艾美耳球虫常危害8～18周龄的鸡。鸡由于吃入被孢子化卵囊污染的饲料或饮入被污染的水而感染,多发生于温暖、多雨、湿润的季节。

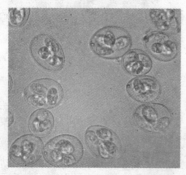 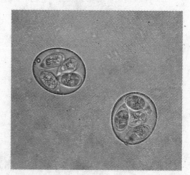

图 5-22 柔嫩艾美耳球虫孢子化卵囊 图 5-23 巨型艾美耳球虫孢子化卵囊

(3)**临床症状与病变**

①急性型:多由柔嫩艾美耳球虫和毒害艾美耳球虫引起。病初精神不振,羽毛松乱,食欲减退,粪中带鲜红色血或咖啡色的血液,后期出现神经症状,昏迷,翅膀轻度瘫痪,两脚外翻,发病后第4～5天开始死亡,耐过者生长发育缓慢,产蛋量受影响。柔嫩艾美耳球虫感染的鸡剖检可见一侧或两侧盲肠显著肿大,其中充满暗红色血液或凝固的血块,盲肠黏膜点状或弥漫性出血,盲肠黏膜上皮增厚,有严重的糜烂甚至坏死脱落,后期与盲肠内容物、血凝块混合凝固,形成坚硬的香蕉型"肠栓"(见图5-24、图5-25)。毒害艾美耳球虫感染的鸡剖检可见小肠中段肠腔扩张,肠浆膜充血,并密布出血点,肠壁增厚,黏膜显著充血、出血及坏死;肠内容物为血液、黏液、纤维素和坏死及脱落的上皮组织。浆膜和黏膜可见黄白色斑点。

②慢性型:一般由除柔嫩艾美耳球虫和毒害艾美耳球虫以外的其他5种球虫引起。多见于4～6月龄鸡或成年鸡。病鸡消瘦,足、

翅膀发生轻瘫,产蛋量下降,有间歇性下痢,很少死亡。

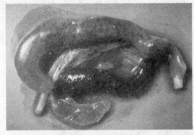

图 5-24　柔嫩艾美耳球虫所致盲肠病变　　图 5-25　毒害艾美耳球虫所致小肠病变

（4）**诊断**　结合流行病学资料、临床症状和检查粪便以及尸体剖检等结果,进行综合分析。实验室检查可通过用饱和盐水漂浮法和直接涂片法检查粪便发现球虫卵囊或取病死鸡肠道黏膜做组织涂片镜检发现内生性发育各阶段的虫体而进行。

（5）**防治**　药物预防是目前预防鸡球虫病的最主要措施,目前常用的药物有氨丙啉、氯苯胍、莫能菌素、盐霉素、常山酮等。应用时要注意定期更换药物,尽量延缓耐药性的产生。

由于耐药性和药物残留的问题,不少国家已全面禁止在饲料中添加抗球虫药物,因此,用疫苗预防球虫病是大势所趋。目前常用的球虫疫苗主要有 Coccivac、Immucox、Paracox 和 Livacox,国内也有相应的产品,如正典生物技术有限公司的"四价早熟减毒活疫苗"等。

对鸡球虫病的防治策略应以预防为主,防重于治。一旦发病,如不晚于感染后 96 小时给药,则可以降低鸡的死亡率。常用的治疗药物包括：

①氨丙啉：按 0.012%～0.024%浓度混入饮水,连用 3 天,休药期为 5 天。

②妥曲珠利,即"百球清"：以 2.5%溶液按 0.0025%浓度混入饮水。

③磺胺-2-甲氧嘧啶：以 0.1%～0.2%比例混入饲料,或按

0.05％～0.1％浓度混入饮水,连用3～5天。

④磺胺氯吡嗪:按0.03％浓度混入饮水,连用3天,休药期为5天。

一、规模化养猪场主要传染病免疫程序

根据我国猪的主要传染病发生特点及规律,规模化猪场可结合该场具体情况参照以下疫病进行免疫接种工作,以保证养猪业正常发展。

1.猪瘟

种公猪 每年春秋季用猪瘟兔化弱毒疫苗各免疫接种一次。

种母猪 于产前30天免疫接种一次或春秋两季各免疫接种一次。

仔猪 20日龄、70日龄各免疫接种一次或50～60日龄免疫接种一次。

仔猪出生后未吃初乳前立即用猪瘟兔化弱毒疫苗免疫接种一次,免疫后两小时可哺乳。

后备种猪 产前1个月免疫接种一次。

选留作种用时立即免疫接种一次。

2.猪丹毒、猪肺疫

种猪 春秋两季分别用猪丹毒和猪肺疫菌苗各免疫接种一次。

仔猪 断奶后上网时分别用猪丹毒和猪肺疫菌苗免疫接种

一次。

70 日龄分别用猪丹毒和猪肺疫菌苗免疫接种一次。

3. 仔猪副伤寒

仔猪断奶后上网时(30～35 日龄)口服或注射一份仔猪副伤寒菌苗。

4. 仔猪大肠杆菌病(黄痢)

妊娠母猪于产前 40～42 天和 15～20 天分别用大肠杆菌腹泻菌苗(K88、K99、987P)免疫接种一次。

5. 仔猪红痢病

妊娠母猪于产前 30 天和产后 15 天分别用红痢菌苗免疫接种一次。

6. 猪细小病毒感染

种公、母猪每年用猪细小病毒疫苗免疫接种一次。

后备公、母猪配种前一个月免疫接种一次。

7. 猪喘气病

种猪成年猪每年用猪喘气病弱毒菌苗免疫接种一次(右侧胸腔内)。

仔猪 7～15 日龄免疫接种一次。

后备种猪配种前再免疫接种一次。

8. 猪乙型脑炎

种猪、后备母猪在蚊蝇季节到来前(4～5 月份)用乙型脑炎弱毒疫苗免疫接种一次。

二、集约化养鸡场(父母代蛋鸡场)主要疫病 计划免疫程序

根据主要疫病流行特点,下面列出集约化养鸡场中主要疫病计划免疫程序。仅供参考并在应用中不断修改完善。

1.鸡马立克氏病

用火鸡疱疹病毒疫苗或单价、双价、多价细胞结合性疫苗,均在鸡只出壳后1日龄内接种。

2.新城疫

7～10日龄首免,在用弱毒苗进行滴鼻、点眼的同时,每羽注射半个剂量油佐剂灭活苗。二免在开产前进行,每羽注射油佐剂苗1头份。或按下述程序进行。

7～10日龄首免,用弱毒苗滴鼻、点眼。二免在首免后15天进行,用Ⅱ系苗每羽注射1头份,同时每羽注射半个剂量油佐剂苗三免在开产前进行,每羽注射油佐剂苗1头份。

使用该程序时,在鸡只饲养周期内应定期进行群体免疫伏态的监测,发现问题及时解决。

3.鸡传染性法氏囊病

种鸡群在开产前和40～42周龄时,用油佐剂灭活苗进行两次免疫。

雏鸡首免在14日龄,弱毒苗饮水,二免在首免后10～14天进行,弱毒苗饮水。

4.鸡传染性支气管炎

所用疫苗种类较多,有H120,H52,MA5,油佐剂灭活苗、组织灭

活苗。

MA5 疫苗可在 1 日龄和 15 日龄免疫两次,以保护雏鸡阶段免受 IB 病毒的感染。

H120 在雏鸡阶段使用,H52 在育成阶段使用。

MA5,H120,H52 疫苗均为弱毒疫苗,使用时应与新城疫弱毒苗免疫间隔 1 周为宜。

为预防肾病变型传染性支气管炎所使用的油佐剂苗,免疫时应在本病常发日龄前 15 天注射,每羽 0.25 毫升。组织灭活苗在本病常发日龄前 10 天注射,注射剂量按使用说明书。

5.鸡传染性喉气管炎

在 50 日龄和 90 日龄左右,用弱毒苗免疫两次。由于疫苗毒株的毒力偏强,在使用中应观察鸡群的反应。

6.鸡痘

在 20 日龄左右和开产前进行两次疫苗刺种。免疫安排可与新城疫接种同时进行。

7.减蛋综合征

鸡群开产前进行一次油佐剂灭活苗接种。

8.鸡大肠杆菌

根据本场鸡大肠杆菌病发生及防治情况来决定。发生较为严重,药物防治效果差,可考虑使用鸡大肠杆菌多价油佐剂灭活苗,在鸡群开产前免疫,每羽 0.5 毫升。该苗注射后鸡群有短时间的注苗反应。

9.鸡传染性鼻炎

如用日本产的单价或双价灭活苗,于 42 日龄时首免,每羽 0.5 毫升,首免后间隔 10 周,进行二免每羽 1.0 毫升。

10.禽流感

H5N1、H9N2 亚型禽流感建议的基本免疫程序如下:

10 日龄左右,第一次免疫;30～60 日龄左右,第二次免疫;开产前进行第三次免疫;36～40 周进行第四次免疫。

此外,根据本场和该地区的疫病流行情况将禽脑脊髓炎疫苗和防治鸡慢性呼吸道疾病的支原体弱毒苗或灭活苗纳入免疫程序。

为减少免疫次数,在开产前的预防接种可选用 ND-EDS76 二联苗或 ND-EDS76-IBD 三联苗。

[1] 吴增坚,杨奎,韦习会. 养猪场猪病防治[M]. 北京:金盾出版社,1999.

[2] 蒋金书,李庆怀,张直中等. 动物医生手册[M]. 北京:北京农业大学出版社,1995.

[3] 费恩阁,李德昌,丁壮. 动物疫病学[M]. 北京:中国农业出版社,2004.

[4] 刘明春,赵玉军. 国家法定牛羊疫病诊断与防治[M]. 北京:中国轻工业出版社,2007.

[5] 陈溥言. 兽医传染病学(第五版)[M]. 北京:中国农业出版社,2006.

[6] 汪明. 兽医寄生虫学(第三版)[M]. 北京:中国农业出版社,2003.

[7] 王志远,羊建平. 猪病防治第二版[M]. 北京:中国农业出版社,2010.

[8] 材大木,饶自立. 猪病防治彩色图册[M]. 长沙:湖南科学技术出版社,1991.

[9] 曲祖乙,李冰. 猪病防治技术[M]. 北京:中国农业出版社,2010.

[10] 马庆仁,孙秋业. 牛病防治关键技术[M]. 北京:中国农业出

版社,2005.

[11] 徐泽君,陈留根.羊病防治实用新技术[M].郑州:河南科学技术出版社,2002.

[12] 沈正达.羊病防治手册[M].北京:金盾出版社,1993.

[13] 刘建柱,牛绪东.常见鸡病诊治图谱及安全用药[M].北京:中国农业出版社,2011.

[14] 赵德明.鸡病诊断与防治手册[M].北京:北京农业大学出版社,1996.

[15] 王新华.鸡病诊治彩色图谱[M].北京:中国农业出版社,2002.